装备测试性技术与实践

史贤俊　秦　亮　秦玉峰　吕佳朋　著

U0244746

北京航空航天大学出版社

内 容 简 介

测试性是装备便于测试和诊断的重要设计特性,它已成为和可靠性、维修性同等重要的独立学科,开展测试性设计与验证技术研究具有重要的学术价值和工程指导意义。本书对装备测试性设计与验证问题进行了系统论述,内容包括测试性需求分析与指标分配、测试性建模技术、测试性分析与优化、测试性验证建模、测试性试验与评估、测试性增长试验及测试性故障注入与验证评估系统等。本书还介绍了一套装备测试性故障注入与验证评估系统,包括分布式测控管理分系统、总线故障验证分系统、数字信号故障验证分系统、模拟信号故障验证分系统、状态信号故障验证分系统、混合信号故障验证分系统、电源故障验证分系统七个分系统,能够方便地开展装备测试性工作。

本书可作为高等院校通用质量特性相关专业研究生和高年级本科生的参考书,也可供装备测试性、维修性及测试诊断等领域的科研人员与工程技术人员参考。

图书在版编目(CIP)数据

装备测试性技术与实践 / 史贤俊等著. -- 北京：
北京航空航天大学出版社,2024.6
ISBN 978 - 7 - 5124 - 4362 - 4

Ⅰ. ①装… Ⅱ. ①史… Ⅲ. ①武器装备—测试 Ⅳ.
①TJ06

中国国家版本馆 CIP 数据核字(2024)第 048105 号

装备测试性技术与实践
史贤俊 秦 亮 秦玉峰 吕佳朋 著
策划编辑 董 瑞 责任编辑 龚 雪
*
北京航空航天大学出版社出版发行
北京市海淀区学院路 37 号(邮编 100191) http://www.buaapress.com.cn
发行部电话:(010)82317024 传真:(010)82328026
读者信箱: goodtextbook@126.com 邮购电话:(010)82316936
北京凌奇印刷有限责任公司印装 各地书店经销
*
开本:710×1 000 1/16 印张:13.25 字数:282 千字
2024 年 6 月第 1 版 2024 年 6 月第 1 次印刷
ISBN 978 - 7 - 5124 - 4362 - 4 定价:68.00 元

前　　言

测试性是指装备能及时准确地确定其状态（可工作、不可工作或性能下降），并有效隔离其内部故障的一种设计特性。它是装备研制和采办中非常重要的技术指标，具有良好测试性的系统和装备可以及时、快速地检测和隔离故障，减少维修时间，提高系统的可用性。测试性设计技术从最初的基于经验的设计、结构化设计发展到现在基于模型的设计，在测试性建模、测试优化、诊断策略优化等方面形成了丰富的方法，并逐渐实现了工程化应用。测试性验证是评估和检验由设计和制造所赋予装备的测试性，是装备设计阶段、研制阶段和使用阶段的重要内容，是检验装备的测试性水平是否达到要求、发现测试性设计不足、指导测试性改进设计以提高装备测试性水平的重要技术手段，也是装备采办管理和科学决策的基础。

本书针对我国装备测试性评估与验证的现状及国内外研究热点，阐述了测试性设计与验证的关键技术。首先介绍了测试性设计与验证技术的内涵及导弹装备的基本组成与原理，然后按照测试性工程的各要素，从测试性需求与指标分配、测试性设计建模、测试性分析与优化、测试性验证建模、测试性试验与评估、测试性增长试验等方面开展论述，最后介绍了一套装备测试性故障注入与验证评估系统，为开展装备测试性工程实践提供借鉴。

全书分为 8 章。第 1 章绪论，主要介绍测试性技术内涵、测试性对装备系统的影响、测试性设计与验证技术发展现状以及测试性参数；第 2 章测试性需求分析与指标分配，主要介绍装备测试性需求分析、Petri 网理论及基于 Petri 网的测试性指标确定与分配；第 3 章测试性建模技术，主要介绍基于层次化贝叶斯网络的测试性建模方法，以及模型参数计算及相关性矩阵获取方法；第 4 章测试性分析与优化，主要介绍测试优化问题分析与求解、诊断策略优化方法；第 5 章测试性验证建模，主要介绍三维贝叶斯网络测试性验证模型；第 6 章测试性试验与评估，主要介绍故障样本量确定技术和基于 Sobol 序列的序贯验证样本分配方法；第 7 章测试性增长试验,主要介绍基于测试性增长的指标动态评估方法;第 8 章介绍了装备测试性故障注入与验证评估系统。

本书是史贤俊研究团队近年来集体劳动的成果,第 1 章由史贤俊、秦亮撰写,第 2 章由史贤俊、吕佳朋撰写,第 3 章由史贤俊、吕佳朋撰写,第 4 章由史贤俊、吕佳朋撰写,第 5 章由秦玉峰、秦亮撰写,第 6 章由秦玉峰、吕佳朋撰写,第 7 章由史贤俊、秦玉峰撰写,第 8 章由秦亮、吕佳朋撰写。研究生王康、翟禹尧、韩露等参与了文中部分方法的创新研究工作。

装备测试性技术尚处于不断发展中,由于作者水平有限,书中存在的疏漏和错误之处,恳请读者批评指正。

作　者

2023 年 12 月

目　　录

第 1 章　绪　论

1.1　测试性技术的内涵

1.1.1　测量、测试和测试性

测量(measurement)指的是通过试验获得一个或多个量值,由此对量合理赋值的过程。测量包含了对量的比较和数据统计,预示了对量的一种描述,它与测量结果的预期用途、测量程序和特定测量条件下运行测量程序的校准测量系统相对应。测量过程中拟测量的量称为被测量(measurand),受测量的物体及现象称为测量对象(measurement object)。根据与被测量的关系,测量可以分为直接测量(direct measurement)与间接测量(indirect measurement)。直接测量指不必通过测量与被测量有函数关系的其他量,而能直接得到被测量值的测量,例如用量筒测量液体的体积、用等臂天平测量物体的质量等。间接测量指通过测量与被测量有函数关系的其他量得到被测量值的测量,例如通过测量长度确定矩形面积,通过测量导体的电阻、长度和截面积确定电阻率等。

测试(testing,test)指的是按照规定的程序确定产品的一种或多种特性的过程。被测试的任何系统、分系统、设备、机组、单元体、组件、部件、零件或元器件等统称为被测单元(unit under test,UUT),被测单元本身所具有的用于测量或注入信号的电气连接点称为测试点(test point)。例如交流电源相关技术指标要求其输出电压为115 V±5 V,频率为400 Hz±5 Hz,波形失真度<3%,这时,对该交流电源的技术指标进行试验性的测量过程就可叫作测试。

测试性指的是产品能及时、准确地确定其状态(可工作、不可工作或性能下降程度),并隔离其内部故障的一种设计特性。测试性的定义强调测试性是一种产品设计特性,经过测试性设计与分析、测试性试验与评价等工作,使装备达到规定的测试性要求。

测量、测试和测试性的区别与联系主要体现在以下几个方面:

① 测量的概念侧重于对量值的获取,强调定量的结果,并对测量值的表达有着明确的规定。例如,某人的身高1.78 m就是通过测量得到的,而对某固体表面所进行的硬度试验,不能称为测量,因为这一操作并不能给出量值。

② 测试的概念外延更宽,更强调试验性质与过程。测试可以是指试验和测量的全过程,这种过程既是定量的,也是定性的,其目的在于确定被测对象的性质和特征,也可以指试验研究性质的测量过程。这种测量可能没有正式计量标准,只能用一些有意义的方法或参数去"测评"对象的状态或性能,比如对人能力的测评和不规则信号的测量都属于这种性质;还可只着眼于定性而不重定量的测量过程,比如数字电路测试主要是确定逻辑电平的高低而非逻辑电平的准确值,这种测量过程也称为测试。

③ 测试性强调的是装备的设计特性,可以视为是与装备测试密切相关的一种系统属性。测试性工程的开展,可以使装备测试的设计与实现更加科学和合理,从而实现高质量的测试。但是测试性工作并不局限于装备设计阶段,而是贯穿于装备全寿命周期,其在不同阶段有着丰富的工作内容和内涵。

1.1.2 故障检测、故障诊断和测试性

故障检测(fault detection)是确定产品是否存在故障的过程。故障检测强调发现故障并指示故障,发现装备故障的手段一般为测试,故障指示以测试通过与否来表示。

故障诊断(fault diagnosis)是检测故障和隔离故障的过程,与之相关的概念是故障定位(fault localization)和故障隔离(fault isolation)。故障定位是通过测试、观测或其他信息等降低模糊度,确定故障位置的过程。故障隔离是把故障定位到实施修理所要求的产品层次的过程。产品层次一般可以分为现场可更换单元(line replaceable unit,LRU)和车间可更换单元(shop replaceable unit,SRU)。

从测试性的定义来看,使装备具有优秀的故障检测、故障隔离能力是测试性工程的一个目标。故障检测强调的是发现故障,故障诊断强调的是发现并隔离故障,而测试性的目标是"及时、准确地确定其状态,并隔离其内部故障"。装备测试性工作中使用检测率和隔离率等指标对装备的故障检测能力、故障诊断能力进行量化表示,测试性优化、测试性评估、测试性验证等工作也都围绕着故障检测能力、故障诊断能力开展。

近年来,为了更好地对装备故障诊断能力进行描述,学术界提出了装备可诊断性的概念,可诊断性是指故障能够被确定地、有效地识别的程度。其中,"确定地"要求每次系统发生故障时都能准确地对故障进行检测与隔离,实质上强调的是诊断系统完成诊断任务的能力;"有效地"考虑的是诊断系统完成诊断任务的资源利用效率,即要求对隔离故障所需的资源进行优化。可诊断性是系统的一种重要设计特性。与测试性相比,可诊断性从根本上反映了系统诊断故障的能力。系统具有良好的可诊断性能够使故障更容易被诊断,有助于缩短维修时间,节省诊断资源,提高系

统运行的安全性,对保证系统的完好性以及任务成功性具有重要意义。

可诊断性与测试性的相同点在于两者都属于装备的设计特性,其目的在于提升装备的运行质量。两者的不同之处在于:

① 从研究内容来看,测试性主要关注的是能够被诊断的故障数占故障总数的比例,即本质上回答的是故障模式是否能够被诊断的问题,其研究重点在于如何使更多的故障能够被诊断,从而提高测试性指标,不关注具体的故障诊断方法;而可诊断性评价结果既能够描述故障是否能够被诊断,又可以描述故障诊断的难度,因此相比于测试性,可诊断性研究中还必须包括故障诊断难度评价和故障诊断方法等内容。

② 从研究方法来看,测试性主要基于多信号流图、信息流模型和贝叶斯网络等图示模型对系统测试性水平进行评价;可诊断性研究除了基于常见的定性模型方法,也可以采用基于解析模型或统计数据的方法。

③ 从评价指标来看,测试性通常利用故障检测率、隔离率和虚警率等具有统计意义的指标对装备的测试性水平进行描述;可诊断性评价结果在测试性评价结果的基础上,额外增加了对故障诊断难度的描述。因此,可诊断性应当比测试性具有更全面的评价指标。

1.1.3　机内测试设备、自动测试设备和测试性

机内测试(built-in test,BIT)是系统或设备内部提供的检测和隔离故障的自动测试能力。机内测试是提高系统测试性水平的重要技术。机内测试主要包括以下几个方面:

① 主动机内测试(active BIT):测试激励信号施加到主系统内,定期地中断主系统工作的 BIT。

② 被动机内测试(passive BIT):不中断、不干涉主系统工作的 BIT。

③ 连续机内测试(continuous BIT):连续监测主系统工作的 BIT。

④ 启动机内测试(initiated BIT,IBIT):由某种事件或操作员启动的 BIT。它可能中断主系统的正常工作,可以允许操作员干预。

⑤ 周期机内测试(periodic BIT,PBIT):以规定的时间间隔启动的 BIT。

⑥ 加电机内测试(power-on BIT):在 UUT 电源接通时启动,并当系统准备好时结束测试的 BIT。

测试设备(test equipment)是指为了实现监测、故障检测和故障隔离所要求的电气、电子、机械、液压、气动等设备,或这些设备的组合。在测试性指标评估中,通常考虑的测试设备有机内测试设备(built-in test equipment,BITE)、自动测试设备(automatic test equipment,ATE)和人工测试设备(manual test equipment,MTE)

等。机内测试设备指完成机内测试功能的设备。自动测试设备指自动进行功能和/或参数测试、评价性能下降程度或隔离故障的设备,包括设备硬件、支撑设备运行的软件、支撑测试程序开发与执行的软件等。人工测试设备是主要依赖人工操作并由操作人员评定测试结果的测试设备。

测试性的指标评估是以测试设备为基础的,也就是说采用何种测试设备会影响到测试性指标的水平。一般情况下,基于机内测试设备的测试性指标低于基于自动测试设备的指标。随着武器系统复杂程度的提高,机内测试设备成为改善武器系统诊断能力的重要手段。工程中提高机内测试设备的能力会有效地提升测试性指标,而且机内测试设备有利于降低装备的技术保障难度、缩短技术准备时间、减少技术保障人员数量、降低维修人员水平的要求,还为开展故障预测与健康管理工作提供技术支持。但是机内测试的增加会给装备成本带来负担,会带来系统重量、尺寸、复杂性及费用的增加,所以在测试性工程中不能一味增加机内测试设备,需要从测试性指标、测试设备成本、装备的可靠性指标等多个方面对如何选择测试设备进行权衡。

1.1.4 预测与健康管理、故障预测和测试性

预测与健康管理(prognostics and health management,PHM)是利用传感器系统,借助各种智能推理算法,对系统的健康状态进行评估,在系统故障发生之前对故障进行预测,并根据预测结果采取相应的维护或维修措施的过程。

故障预测(fault prognosis)是根据产品当前状态(性能、使用环境、运行历史等)信息,对未来任务时间段内可能出现的故障性质、部位、时机等进行预报、分析和判断的过程。

健康管理与故障预测是随着维修理念的转变而发展起来的新的维修方式,可以说是先进的测试技术、诊断技术与维修管理理论结合的产物。这种新的维修理念涉及数据采集、状态监测与评估、故障预测与诊断等关键技术,是对机内测试技术的拓展。健康管理与故障预测技术在新装备上的应用可以明显提高装备的测试性水平。而装备自身优秀的测试性设计也可以更好地支持健康管理与故障预测系统设计,使状态监测信息能够更好地反映出装备的状态,利于进行评估与预测工作,实现基于状态的维修,提高维修保障效率。从宏观角度上来看,健康管理与故障预测和测试性工程都是以提高装备完好性及装备保障维修效率为最终目标。从技术路径上看,测试性工程突出的是解决故障发生后能不能被合理的方式检测并隔离、会不会发生虚警等问题,健康管理和故障预测强调的是解决装备是否需要维修、何时会发生故障、发生何种故障的问题,两个概念既相互交叉又有所不同。

1.2　测试性对装备系统的影响

1.2.1　装备使用中存在的测试性问题及原因

　　测试性是与装备使用密切相关的设计特性,与可靠性、维修性、保障性、安全性、环境适应性等特性共同构成了装备的通用质量特性。随着信息技术的快速发展及武器装备性能的日益提高,测试性也越来越受到人们的重视,其好坏对装备系统效能的发挥起着重要的作用。早期的装备因为测试性设计水平不高带来了严重的保障问题,人们已经认识到测试性设计差会严重地影响武器系统的战备完好性、寿命周期费用和维修效益。

　　目前武器装备与高新技术结合得极为紧密,随着高新技术的不断发展,武器装备也拥有了更加先进的性能,大幅度地提升了应用效果;但同时武器装备的技术和结构也变得越来越复杂,这给武器装备的测试问题增加了极大的困难。例如,武器装备上的测试接口设计条件限制较多,导致测试信息不易获取,测试过程也比较烦琐;测试设备种类繁多,没有为测试设备与武器装备统一标准,针对不同型号的武器装备必须设计与其配套的测试设备,造成测试与诊断效率低、测试费用高,增加了全寿命周期费用;故障检测与诊断结果可靠程度不高,误报、虚警次数多。通过不断地总结探索,人们发现仅强调外部自动测试系统(automatic test system,ATS)的研发不可能从根本上解决武器装备的测试与诊断问题。因此,应该在系统的设计研制阶段充分考虑测试与诊断问题,使武器装备具有良好的测试性,从而实现快速精确的测试诊断。

1.2.2　测试性对通用质量特性的影响

　　装备"六性",即可靠性、维修性、保障性、测试性、安全性和环境适应性的简称,通常又称为"装备通用质量特性",是诸如航空航天武器装备、大型工程装备等复杂系统使用效能的重要技术属性。测试性在装备通用质量特性中是必不可少的一个要素,而且与其他特性相比,测试性能够更直接地体现装备运用的各种需求,测试性水平的高低会对装备运用产生更直接的影响,是装备采购部门开展"六性"工作很好的抓手。

　　先进的六性评估体系是复杂工程全寿命周期高效低成本应用的核心技术保障。复杂工程的缺陷纠正往往具有"牵一发动全身"的基本特征,隐藏的设计缺陷必将导致应用中的无尽后患。随着航空航天武器装备综合化的不断发展,系统设计变得越来越复杂,六性的设计与验证工作的重要性和必须性日益突出。装备的六性切实达到规定要求的最根本的途径是在武器装备研制过程中,在功能设计阶段就全面开展六性的一体化设计工作,在系统设计阶段就赋予武器装备良好的六性属性。六性设计与验证工作作为一个整体,强调六性在不同专业的相互合作,以达到在同一平台进行六性管理工作,从而消除信息孤岛。

近年来世界范围内几场高科技战争的特点表明:武器装备作战效果的好坏直接体现于装备综合效能的高低,而不再取决于某单一质量特性水平的优劣。因此在装备的研制和使用过程中,不仅要重视各个特性(包括可靠性、维修性、测试性、保障性)水平的发挥,更要重视装备的六性一体化设计分析与评估,以达到装备系统综合效能的整体最优。

1.2.3 测试性对战备完好性的影响

战备完好性是指装备在平时和战时使用条件下,能随时开始执行预定任务的能力。战备完好性与装备可用性密切相关,可用性指产品在任一时刻需要和开始执行任务时,处于可工作或可用状态的程度,可用性的概率度量为可用度。

可用度包含了使用可用度、可达可用度、固有可用度等内涵,分别与能工作时间、不能工作时间或修复性维修、预防性维修时间相关。以固有可用度为例,它是产品的平均故障间隔时间与平均故障间隔时间和平均修复时间的和之比,其一种表达式为

$$A_0 = \frac{T_{BF}}{T_{BF} + T_{TR}}$$

式中,T_{BF} 为系统平均故障间隔时间;T_{TR} 为系统平均修复时间。

T_{BF} 是与任务有关的一种可靠性参数,其度量方法为:在规定的条件和规定的时间内,产品寿命单位总数与故障总次数之比。

T_{TR} 是装备维修性的基本参数,其度量方法为:在规定的条件下和规定的时间内,产品在规定的维修级别上,修复性维修总时间与该级别上被修复的产品的故障总数之比。

传统的定性分析通过增加 BIT 来提高系统测试性与诊断能力的手段,对系统的使用可用度带来一定影响,包括:

① 增加了 BIT 硬件设备或软件,就增加了系统的复杂性,降低了系统的基本可靠性。

② BIT 与系统共用一部分硬件和软件时,BIT 的故障可能会引起系统故障。

③ BIT 故障会带来虚警,增加维修次数,降低 T_{BF}。

④ 合理的 BIT 设计可以减少定期检查时间。

⑤ 合理的 BIT 设计可以在故障后实现快速的故障检测与隔离,减少修复时间。

⑥ BIT 可以有效缩短维修后的检测时间。

⑦ BIT 可以减少维修设备数量、维修人员数量、维修备件数量,进而减少维修等待时间。

1.2.4　测试性对任务成功性的影响

任务成功性是装备在任务开始时处于可用状态的情况,在规定的任务剖面中的任一(随机)时刻,能够使用且能完成规定功能的能力。它取决于任务可靠性和任务维修性。通过改善系统的测试性和可诊断性,可显著提高系统的任务可靠性和任务维修性,进而提高任务成功性。

测试性对任务成功性的影响分析如下:

① 通过 BIT 监测故障,实现余度管理,可以显著提高系统的任务可靠性。

② 通过测试性工程,可以发现隐蔽故障,提高系统的任务可靠性。

③ 对于具备容错控制能力的先进装备,通过机内测试可以发现和隔离故障,实现系统的控制重构。

④ 如果 BIT 产生虚警,会降低系统的任务成功性。

⑤ 如果 BIT 漏检,会降低系统的任务可靠性。

1.2.5　测试性对寿命周期费用的影响

寿命周期费用是在装备的寿命周期内,用于论证、研制、生产、使用与保障以及退役等的一切费用之和。测试性工程也是贯穿于寿命周期的装备质量工程,测试性工程的研究与研制费用包括采用新的测试技术所需的研究、研制、试验与评价的费用。

测试性对寿命周期费用的影响包括以下几个方面:

① 提高系统的战备完好性及任务成功性,可以减少系统的采购数量,降低费用。

② 完善的测试性和可诊断性设计可以显著减少武器系统的维修保障人力和设备,进而减少装备的使用和保障费用,特别是大型航空航天复杂装备,如果在系统研制过程中充分开展测试性设计,采用先进的诊断技术,其寿命周期费用可以降低 20% 以上。

③ 机内测试设备的广泛使用会增加装备自身的成本。

1.3　测试性设计技术发展现状

1.3.1　测试性需求分析

测试性参数要求在传统系统可用性分析中不是考虑的重点,稍有提及也是基于理想假设[1,2]。文献[3]分析了面向多层级维修的战备完好性,将测试性参数引入到模型中,并对性能指标与测试性参数的关系进行了分析。文献[4]和文献[5]从工程应用角度明确装备的测试性需求与需求信息之间的关系,文献[5]还提出测试性指标的三维模型,适用于复杂系统的测试性分析。文献[6]综合考虑装备的故障检测、隔离时间以及维修工时、虚警等因素,提出了相应的测试性参数体系。文献[7]和文献[8]对装备全寿命周期进行了分析,采用一个指标区间来描述装备所处寿命阶段的指标需求,有利于当前装备设计,并为装备投入使用后的整改提供了指导。

开展测试性需求分析需要用形式化的方法描述需求信息[9],因此针对不同装备的研制过程,会提出不同的测试性需求模型[10~12]。文献[13]从多个不同角度建立了系统的测试性需求模型,该文创新之处在于 Zachman 框架体系的使用。文献[14]采用统一建模语言(unified modeling language,UML)对系统进行研究,并将其应用于空间天文望远镜卫星的测试性需求建模,提高了系统的测试性水平。文献[15]提出了一种基于 Petri 网的系统功能需求描述方法,Petri 网不但能够描述功能和活动之间的关系,还可以描述系统的动态行为,为测试性需求建模提供一种新的思路。

确定装备测试性指标是测试性需求分析的主要工作之一[16],测试性指标越高,设备的先进程度以及技术手段的要求也会越高。传统确定系统测试性指标的方法有经验法和类比法,它们需要根据以往装备经验给出指标值,应用较为广泛,但不适用于新研发的装备;在这之后又出现了权衡法和折中系数法,是基于理想假设的方法,有一定的局限性。文献[17]在确定系统级测试性指标过程中引入遗传算法,该算法并未将系统性能与测试性指标相关联,更倾向于解的优化。文献[18]建立了系统多层级 GSPN 的测试性需求模型,采用定性和定量分析相结合的方式确定不同层级的测试性指标。文献[19]提出基于 DSPN 的需求建模与指标确定方法,使其可以解决复杂系统的多阶段任务和多状态变迁等问题。

1.3.2 测试性建模方法

测试性模型的优劣决定了测试性设计水平的高低,最具代表性的测试性模型当属相关性模型[20,21]。信息流模型[22~24]和多信号模型[25~27]是由相关性模型演变而来的,应用最为广泛。此外还有逻辑模型和混合诊断模型[28]等,模型具体特点如下:

逻辑模型由 De Paul 提出,该模型不考虑故障模式以及测试的具体内容,只反映系统各单元与测试节点的联系,故该模型不能描述故障与测试之间的关系。

信息流模型由 Simpson 和 Sheppard 共同提出[29],他们定义了模型的基本结构,将功能、故障和测试之间的关系通过有向图表示,并给出相应测试性指标的计算方程。随后 Valinevicius 和 Simpson 将信息流模型应用在故障诊断和隔离领域[30]。实际工作发现该模型过分依赖模型的结构,并且用户的主观因素占了很大比例,导致模型与实际装备结构相差较多,更适用于定性分析。

多信号模型由 Pattipati 和 Deb 共同提出[31],该模型继承了现有部分模型的优点,摒弃以往模型的缺点,将测试、信号、故障以及系统的功能结构完美地结合起来。当然多信号模型也存在一些缺点,下文会仔细说明。

美国 DSI 公司提出混合诊断模型,该模型继承了多信号模型的优点,并引入特有的诊断推理规则,使实际工程中的测试性分析更加精确。上述测试性模型的对比分析结果如表 1.1 所列,包括描述形式、关联关系与系统结构相似程度等。

表 1.1 测试性模型分析对比

模型	逻辑模型	信息流模型	多信号模型	混合诊断模型
展示方法	有向图	有向图	有向图	有向图
分析手段	表格	矩阵	矩阵	矩阵
关联关系:1 功能;2 故障;3 测试	1 和 3	2 和 3	1、2 和 3	1、2 和 3
与系统结构相似程度	较相似	较大差异	相似	相似
适用阶段:1 前期;2 中期;3 后期	1	3	1、2 和 3	1、2 和 3
相关辅助工具	LOGMOD、ESTA、STAT	STAMP、POINTER	TEAMS、TADS	Express

相比于其他几种建模方式,多信号模型目前应用更为广泛。文献[32]对现有模型进行了对比分析,并对测试性建模工作进行了展望。文献[33]构建了扩展的关联模型,对故障传播的路径进行了分析,给出系统在单故障和多故障条件下的数学模型,并分析出两种情况下的测试性参数。陈春良[34]等对某坦克火控系统进行测试性设计,建立其多信号模型,提高了火控系统的测试性水平。孔令宽[35]等建立了卫星电源的多信号模型,提出了基于多信号模型的实时故障诊断技术。孙智[36]等采用多信号模型对飞机空调进行分层建模,并对其在故障诊断中的研究做了一定工作,取得了不错的效果。吕晓明[37]等采用多信号模型完成了复杂装备层次模型的构建,但并未提及每层的测试集和故障集该如何表述。尹园威[38]等采多信号模型对多复杂系统进行层次建模,弥补了文献[37]的不足。杨鹏[39]建立了系统的多信号模型,通过分析相关性矩阵发现仅用 0 和 1 表示故障和测试间关系,忽略了部分有用信息,根据上述缺点提出了一种基于不确定信息的相关性矩阵。陈希祥[40]等对多信号模型进行了改进研究,添加了一定的不确定性知识,他还提出了基于本体的测试性描述模型[41]。高鑫宇[42]等将模糊概率信息引入多信号模型中,对故障传播过程中不确定参数的传递进行了细致的讨论。

很多学者发现对多信号模型以及一些模型的缺点进行改进并不能解决根本问题,需要提出新的测试性模型,以下为几种针对不同对象的测试性模型。

用于测试性设计和分析的结构模型[43]加入了故障模式以及与故障关联的信号,具有快速、简单的特点;缺点是虽能描述故障的传播途径,但它过分依赖装备结构,忽视了故障与测试间的联系。

宋东[44~46]借鉴多信号模型和 Express 软件,提出了一种基于系统电路原理图的测试性模型(electronic system testability information mode,ESTIM)。该模型可以直接在 EDA 软件中构建,并对系统进行测试性分析,提高了电子系统的测试性水平。

贝叶斯理论经常用来解决数据不确定问题,不少学者采用贝叶斯网络对系统进行测试性建模[47,48],取得了一定的成果。徐星光[49]等将测试性结构模型和贝叶斯网络模型相结合,利用不确定信息建立装备的多层级测试性模型。王成刚[47]等将贝叶斯网络与系统的测试性模型相结合,在解决不确定信息的同时引入时间参数,使装备的测试性分析与时间有关。贝叶斯模型虽然可以较好地解决先验信息少以及数据不确定等问题,但故障间的复杂性以及逻辑关系无法通过形式化表示,模型与实际装备结构相差太多。

张勇提出一种基于多种要素的测试性虚拟验证一体化模型(function – fault – behavior – test – environment model,FFBTEM),具体包括功能、故障、行为、测试和环境[50,51]。根据上述几种要素对测试性信息进行定量描述,相比于传统的测试性模型,可以有效减少传统模型定性描述带来的误差。FFBTEM 优点在于如果装备信息完备充足,可以更准确地描述装备的测试性知识;但如果装备信息不够充足,则很难建立准确的 FFBTEM。此外,适用于 FFBTEM 的建模工具也亟待开发。

1.3.3　测试性优化选择方法

系统测试性优化选择是测试性设计的重要组成部分,其目的在于简化系统结构,为诊断策略的构建提供候选测试,图 1.1 所示为测试优化选择的基本流程,在该流程中,首先分析系统结构及功能,由故障模式影响及危害分析(FMECA)得到故障模式与测试的对应关系,形成初始化的测试集,建立测试性分析模型。根据模型计算 FDR、FIR 指标,调整测试项目直至指标满足要求,形成最优完备测试集合。

为了提高装备测试性水平及故障诊断能力,会设置大量测试确保所有故障都会被检测,然而大量的测试必然存在很多冗余,在影响系统结构的同时,大大提高了测试的费用及故障测试时间。测试优化选择的主要任务是求解满足系统测试性指标要求最少的测试集,为诊断策略的构建提供支持。前人对优化选择提出了诸多算法进行寻优求解,如遗传算法(genetic algorithm,GA)、量子算法(quantum algorithm,

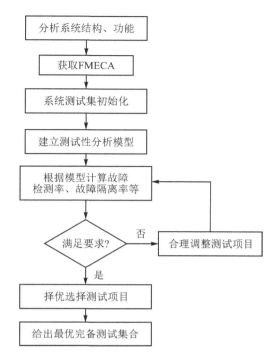

图 1.1　测试优化选择的基本流程

QA)以及粒子群算法(particle swarm optimization,PSO)等,在解决实际问题中发现上述算法的缺点并加以改进,取得了一定成就。刘建敏[52]等提出采用贪婪算法对测试进行优化选择,该方法可以同时应用于故障检测和故障隔离两个方向。蒋荣华和朱喜华[53,54]等利用离散粒子群算法对测试选择问题开展研究。雷华军[55]等提出采用量子进化算法对复杂电子系统的测试优化选择问题进行求解。张钊旭[56]等提出采用搜寻者算法进行测试优化分配,该方法的目标函数为产品的全寿命周期费用。周虎和邓露[57,58]等都采用遗传算法对装备进行测试优化选择,算法重点考虑最优解的迭代次数,避免算法陷入局部最优。更多的研究者采用不同的算法相结合的方式进行测试优化选择,如混合二进制粒子群-遗传算法,改进遗传模拟退火算法等[59,60]。

装备设计以及测试过程中普遍存在不确定性问题,国内外均意识到开展测试不可靠条件下测试优化选择的实际意义。针对此类问题,Li 在传感器失效造成的不可观测问题条件下对海水淡化系统的测试选择进行了研究[61]。Pan[62]等在测试不可靠条件下,采用启发式遗传算法对测试进行优化选择。杨光[63]等在可靠性约束的条件下对传感器进行测试优化选择。叶晓慧[64]等对测试优化选择问题进行了研究,给出不可靠条件下的目标函数和约束条件,提出基于动态贪婪算法对其寻优求解。

Deng[65]等在测试不可靠的情形下,采用启发式粒子群算法对测试进行优化选择。雷华军[66]等采用量子算法对测试进行优化选择,该文细致分析了装备测试过程中出现漏检和虚警的原因,并在现有目标函数的基础上,加入漏检和虚警代价,以测试性指标要求为约束条件,根据模型对算法进行改进,使其快速寻优找出最优完备测试集。文献[67]对测试选择问题进行了研究,采用卡尔曼滤波与多信息融合技术对传感器的时延问题进行求解。张士刚对测试优化选择方向做了深入研究[68~70],不仅完成了非完美条件下的测试优化选择,还对时延问题提出了解决方案,完成了含时延特性的动态耦合故障推理模型和算法,为测试性设计领域做出了很大贡献。

1.3.4 诊断策略优化

诊断策略是指"结合约束、目标及其他相关要素优化实现系统故障诊断的一种方法"。它与传统的故障诊断方法不同,主要关注测试选取与调度问题,在测试性指标约束下,诊断隔离出系统故障的测试步骤[71],在测试性大纲中的定义为:在有关影响因素以及测试性指标要求下,用于隔离装备故障的测试步骤或顺序。

由表 1.2 可以看出各参数之间的关系,测试序列和诊断策略的数目过于庞大。诊断策略优化问题被证明是一种 NP 问题[72,73]。为了寻优解集,算法设计是一方面;简化问题复杂性是另一方面[73,74],通常设定一些限定条件,如单故障、测试可靠等,这些假设会造成诊断策略不准确等后果。

表 1.2 测试序列、诊断策略同测试数目的关系

测试数目	测试序列 $n=2$	诊断策略 $n=2$	测试序列 $n=3$	诊断策略 $n=3$
2	8	2	18	2
3	48	12	162	18
⋮	⋮	⋮	⋮	⋮
15	4.29×10^{16}	1.07×10^{16}	1.88×10^{19}	2.09×10^{18}
⋮	⋮	⋮	⋮	⋮

算法是实现诊断策略的重要途径,贪婪算法是最基本的寻优算法之一,但是由于无法给出最优的诊断策略[75],所以限制了其进一步的应用。不少专家学者对贪婪算法进行优化,张睿针对贪婪算法优化性能较差等缺点,提出基于禁忌搜索算法的诊断策略,扩大了寻优求解范围,能找出全局最优测试集,然而其 I 矩阵设定存在问题,不适用于复杂系统[76]。Pattipati 等[72]提出一种能够找出全局最优解的动态规划算法,该算法的缺点是数据量大,计算难度高,很难应用于实际装备。Pattipati 等人还将霍夫曼编码、熵以及熵+1 这三个启发函数同与或图算法结合,设计出 AO *、HS、CF 三种算法。目前应用相对广泛的算法是 AO * 算法[77],具有良好的全局搜索能力,能得到最优的诊断策略;缺点是算法复杂,每一步都需要回溯搜索并记录,对

设备的储存性能有一定的要求。龙兵等对 AO * 算法进行改进,并对航天器配电系统进行分析,为其制定测试优化选择的方案[78,79]。国外学者也深入研究 AO * 算法,提出了不少的改进方法[80,81],然而效果并不理想。Pattipati 的学生 Tu Fang 提出了基于 Rollout 策略的测试排序算法[82,83],得到的诊断策略优于贪婪算法,而算法的复杂度低于 AO * ,因此该算法得到了进一步的应用。黄以锋提出基于 Rollout 算法的诊断策略优化方法,该方法引入了一步前向回溯算子的贪婪算法,效果得到极大的提高,但得到的是近似全局最优解[84]。李登对 Rollout 算法进行了改进,提出了 RIG 算法解决诊断策略问题[85]。还有一些学者将信息熵引入诊断策略优化,孙萌利用信息熵算法对多特征 D 矩阵进行诊断策略优化[86];张国辉、郭家豪和田恒等也都从信息量与信息熵角度对该问题做了研究[87~89]。

上述诊断策略优化算法大都基于测试可靠前提,而实际工程不仅会出现测试不可靠,还会出现多故障、多回路、多工作模式和复杂结构层次等问题。针对这些问题,不少学者进行了深入研究。羌晓清向 Rollout 算法的启发函数中引入故障检测概率等不确定信息,通过增加回溯算子进行搜索,该算法适用于复杂装备的诊断策略优化;该算法缺点也很明显,即难以评估诊断错误造成的代价,且搜索结束后不进行反馈而直接返回方案[90]。方甲永提出基于多故障诊断的诊断策略优化,该文一大创新是采用 0 - 1 规划隐数法对不等式极值问题求解[91]。黄以锋采用 Rollout 算法对多故障问题进行研究[92]。田恒针对传统诊断策略的效果差、算法不适用等问题,分析了贪婪算法、多步向前寻优算法等算法的优势与缺点,提出了相应解决方法,拓展了故障诊断策略的方法和理论,该文一大创新是对相关性矩阵的密度进行了研究,分析不同密度下各算法的适用性[92]。杨鹏针对上述问题做了大量工作,针对已有搜索算法难以快速准确地搜索到最优解的问题,对准深度搜索算法进行了研究,并将信息熵引入诊断策略的构建中;他还对多模式、多层次以及多回路系统进行了深入分析,找出适用于系统的诊断策略优化方案;此外,他还在测试不可靠条件下对系统多故障情况的诊断策略进行了讨论研究。

1.4　测试性验证技术发展现状

1.4.1　故障样本量确定

通过对目前故障样本量确定技术的相关国军标准[94,95]以及一些科研人员/机构的研究成果[96~100]进行分析与总结,考虑导弹装备测试性验证时无法进行大量的故障注入试验,并且考虑故障注入试验具备成败型数据特点,可以利用二项分布模型进行处理。因此本节将故障样本量确定技术划分为两类——基于单次抽样方法和基于序贯抽样方法的故障样本量确定技术。

1. 基于单次抽样方法的故障样本量确定

单次抽样方法以二项分布计算模型为基础,具备最低可接受值约束和双方风险约束等不同形式的故障样本量求解方法。由于工程中承制方和使用方对装备的测试性水平均有相应的指标要求,故本节后续所述均为考虑双方风险约束的单次抽样方法。

通过给定承制方和使用方测试性指标要求值 p_0 和 p_1——通常指故障检测率(fault detection rate,FDR)和故障隔离率(fault isolation rate,FIR),以及双方预期风险约束值 α 和 β,由基于二项分布模型的单次抽样特征函数,通过约束问题(1.1)即可求解实际的验证试验方案 (n,c),其中 n 为实际需要注入的故障样本量,c 为对应于故障样本量 n 时所允许的最大故障检测/隔离失败数:

$$\begin{cases} 1-L(p_0) \leqslant \alpha \\ L(p_1) \leqslant \beta \end{cases} \tag{1.1}$$

式中,$L(\cdot)$ 表示抽样特性函数,可通过下式求解:

$$L(p) = \sum_{y=0}^{c} C_n^y p^{n-y}(1-p)^y \tag{1.2}$$

式中,p 表示测试性指标 FDR/FIR,且满足 $p \in [0,1]$;y 表示实际观测到的故障检测/隔离失败次数。

根据式(1.1)和式(1.2),当确定 p_0、p_1、α 和 β 后,即可确定测试性验证试验方案,表 1.3 给出了部分取值下的试验方案结果。

表 1.3 不同参数取值下的试验方案

序号	测试性有关参数				试验方案		实际风险	
	p_0	p_1	α	β	n	c	α_r	β_r
1	0.98	0.95	0.1	0.1	258	8	0.077 0	0.098 5
2	0.98	0.95	0.2	0.2	110	3	0.179 0	0.194 4
3	0.95	0.90	0.1	0.1	187	13	0.087 4	0.098 1
4	0.95	0.90	0.2	0.2	78	5	0.195 1	0.195 8
5	0.90	0.86	0.1	0.1	434	51	0.099 7	0.098 0
6	0.90	0.86	0.2	0.2	190	22	0.195 9	0.197 4

从表中可以看出当对测试性指标要求较高时,所确定的故障样本量过大,由于故障注入试验的有损性和破坏性,以及受试验经费的制约,必然导致大量故障注入试验的限制,实际工程实现困难。因此,以下问题的研究具备重要的理论意义和工程应用价值:

问题 1 针对单次抽样方法所确定的故障样本量过大的问题,如何有效降低故障样本量并保证故障样本量的充分性?

　　针对问题 1,Dodge 等[101]在单次抽样方法的基础上,给出了一种通过两次抽样实现装备测试性验证评估的二次抽样方法。该方法具备形如 $(n_1,a_1,r_1;n_2,a_2,r_2)$ 的表现形式,其中 (n_1,a_1,r_1) 表示第 1 次抽样所需故障样本量,以及第 1 次验证试验后判断为接收和拒收的最大允许故障检测/隔离失败数; (n_2,a_2,r_2) 表示第 2 次抽样所需故障样本量,以及经过 2 次验证试验后判断为接收和拒收的最大允许故障检测/隔离失败数,然后依据相关的判定标准进行决策。进一步,Walter[102]在二次抽样方法的基础上进行扩展,给出了装备测试性验证的多次抽样方法,抽样方案形如 $(n_1,a_1,r_1;n_2,a_2,r_2;\cdots;n_i,a_i,r_i)$,其中 i 表示抽样次数,具体实施过程和决策依据类同于二次抽样方法。针对问题 1 的这两种解决途径确实能在一定程度上达到减少样本量的目的,但是对测试性验证的抽样管理实施难度较大,工程实践不易。

　　除此之外,在单次抽样方案的基础上,徐忠伟等[103,104]在当时的时代背景下研究了单次抽样方法的精确计算方法,该方法可准确地获取测试性验证的样本量,但仍无法保证确定的故障样本量降低。杨金鹏等[105]给出一种装备测试性综合验证方法,能实现样本量的优化,具备较强的工程适用性。

　　但上述方法均未从根本上解决故障样本量过大的问题,因此研究者放眼于测试性验证试验前相关的信息,包括专家信息、摸底试验信息、测试性增长信息以及各组成单元信息等先验信息,以弥补实际实物试验的不足。围绕测试性先验信息对问题 1 进行有针对性的研究,需要解决以下 4 个关键问题:

　　问题 2　如何对先验信息进行处理?

　　问题 3　如何保证先验信息的可信度?

　　问题 4　如何保证不同来源先验信息的融合?

　　问题 5　如何将先验信息作为实物验证试验数据的有效补充?

　　事实上,由于对装备进行大量故障注入的困难性和有损性,同时受限于测试性验证周期过长、试验经费有限以及装备完备的数据库缺失等因素,导致实际能利用的装备测试性验证实物试验数据具备"小子样"的特性[106],针对上述问题,现有文献开展基于小子样理论的装备测试性验证抽样方案已取得了一些研究成果:

　　(1) 先验分布的确定方法

　　先验分布确定方法主要用于解决问题 2,其基本思想便是将多源先验信息以一定形式转化为测试性指标的先验分布,并根据不同来源的先验信息采用不同的方法确定先验分布的超参数。

　　在测试性工程领域,先验信息存在于装备全寿命周期中,具备多阶段、多层次以及多来源的特点[107~110],根据不同阶段可将测试性先验信息划分为研制阶段的测试性预计信息、测试性摸底试验信息以及测试性增长试验信息等，定型阶段由承制方和使用方对装备进行考核检验的验证试验信息，使用阶段外场试验统计信息等；根据装备的层次不同可将先验信息划分为系统级信息、子系统级信息、外场可更换单元（line replaceable unit，LRU）、现场可更换单元（shop replaceable unit，SRU）等；根据数据的来源不同可将测试性先验信息划分为专家经验信息、实物试验信息、虚拟试验数据等。

研究人员针对这些不同来源、不同层次以及不同阶段的先验信息在可靠性、维修性以及测试性领域均有一定研究：针对先验信息的处理问题，在可靠性领域，文献[111]研究了成败型试验数据向 Beta 先验分布的转化以及给出了相应的超参数确定方法，文献[112]将该方法引入测试性验证试验方案设计中，给出了成败型试验数等效 Beta 分布的处理方法，事实上，现有测试性验证有关先验信息处理的方法大多来自于可靠性验证领域的延伸，可靠性验证领域中先验信息处理的相关方法[113~115]在测试性验证领域同样适用；进一步，文献[116]综述了现有测试性验证先验信息来源以及相应的处理方法，研究了贝叶斯框架下多源先验信息向成败型数据折合的不同处理方法，并基于成败型数据构建混合先验分布，通过案例证明能有效扩充样本量。这些方法为解决问题 2 提供了思路和方法，但未能对先验信息的数据类型进行充分考虑，忽略了先验信息自身存在的特性。

由于测试性验证试验表征为成败型数据的形式，故上述有关文献研究主要以二项分布的共轭分布——Beta 分布作为先验分布的表征形式，但也有不少研究以 Dirichlet 分布[117~119]、混合 Beta 分布[120,121]（均可视为在 Beta 分布上的扩展）针对一定条件进行研究：文献 122 针对装备不同寿命周期，借鉴可靠性中用 Dirichlet 分布描述可靠性增长的思想[123~125]，研究将测试性先验信息转化为 Dirichlet 分布及其超参数确定方法，用以描述测试性增长；文献[126]综合考虑不同测试性先验信息，研究基于混合 Beta 分布的成败型装备测试性评估方法，通过继承因子来描述新旧装备改进前后的相似程度，通过更新因子描述改进老装备时引入的测试性上的不确定性。上述方法也是解决问题 2 的有效途径，且能一定程度上考虑先验信息的增长特性，但过程中对于专家信息依赖较大，增加了先验信息的不确定性，最终会影响测试性评估结论。

综上分析可知，上述文献对解决问题 2 提供了理论依据，但无论是基于 Beta 分布还是 Beta 分布相应的扩展形式（Dirichlet 分布、新 Dirichlet 分布[127]、混合 Beta 分布和截尾 Beta 分布等），实际应用时并没有统一的指导原则，对数据特性亦没有统一的认识，因此有必要对其进一步完善和研究。例如，针对不同类型数据如何通过对数据来源进行分类，如何选择合适的先验分布确定方法等。

（2）先验信息的优选方法

先验信息来源广泛，如果不做任何选择地采用多源先验信息，则必然会影响测试性指标评估的置信度,因此先验信息的优选方法主要用于解决问题 3。其基本思想是:①对所收集到的测试性先验信息进行相容性检验,以剔除与实际测试性验证试验数据不一致的先验信息;②确定经过筛选的多源先验信息的可信度,以确保先验信息运用的准确性。

先验信息相容性检验旨在验证不同来源先验信息与实际验证试验数据的一致性,这是由于先验信息来源不一,存在"异总体"的情形,通过相容性检验来确定在给定置信度约束下待检验样本的总体和实际试验样本的总体是否具备一致性,实现对多源先验信息的筛选。现有文献针对先验信息相容性的检验方法可分为参数检验和非参数检验[128,129]两种:①参数检验方法是通过将实际测试性验证试验数据视为总体,确定总体分布,将先验信息视为样本,确定样本分布,然后通过一定方法确定样本分布和总体分布的相容性;②非参数检验方法是在总体分布和样本分布无法确定时,通过样本数据和总体数据对样本分布和总体分布形态进行推断,并判断其是否具备相容性。

文献[130]针对贝叶斯可靠性评估问题研究了小子样条件下先验信息的贝叶斯置信区间估计参数检验方法,基于成败型数据的 Pearson 非参数检验方法以及基于寿命型数据的 Wilcoxon-Mann-Whitney 非参数检验方法,通过实际案例验证了方法的有效性;文献[131]针对常规 Wilcoxon 秩和检验以及 Kolmogorov-Smirnov (K-S)检验无法适用于极小样本量相容性检验的问题,以正态分布为研究对象,提出了利用 3σ 原则的先验信息相容性检验方法;文献[132]分析了 T 检验、Wilcoxon 秩和检验和 K-S 检验在小子样条件下的检验效能,同时研究了显著水平对检验效能的影响,据此提出一种 P 值检验法,有目的性地解决显著水平的取值问题,保证检验结果的合理性;文献[133]给出了一种静态先验信息参数相容性检验方法——置信区间估计法,以及一种适用于动态先验信息相容性检验的方法——直接统计法,通过算例验证检验方法的可行性。这方面的研究是解决问题 3 的首要前提,通过筛选剔除部分不准确的先验信息,保证用于测试性验证先验信息的准确性。考虑到导弹装备测试性验证试验小子样的特性,目前有关参数相容性检验和非参数相容性检验方法具备一定的参考价值,但对于一些先验信息自身所包含的数据特性的考虑却仍有欠缺,比如具备增长特性的数据相容性检验,同时考虑导弹装备测试性验证试验具备成败型数据的特点,因此进一步研究小子样条件下成败型数据的相容性检验方法仍十分必要。

从统计学意义上而言,通过相容性检验筛选后的先验信息,在检验约束条件下是可信的,但是考虑测试性先验信息来源途径的不确定性,因此在利用先验信息时需要综合考虑其可信度。先验信息可信度实质上可以理解为对不同来源先验信息的可靠程度进行量化,可靠程度越高,则相应的可信度随之越高。

文献[134]针对外场试验数据、试验室试验数据以及分析评价数据3种不同来源信息的可信度问题,通过分析主观可信度和客观可信度的优缺点,借鉴组合权重法的思想提出一种综合可信度方法,能充分突显决策评估的侧重点;文献[135]将先验分布和实物验证数据确定的分布的重合程度定义为可信度,同时考虑不同验前分布的重要度,保证先验信息运用的合理性;文献[136]通过检验测试性先验信息和现场试验数据是否来源于同一总体,定义先验可信度为采纳二者为同一总体的概率;文献[137]系统性地综述了当前复杂仿真系统可信度评估的研究现状,指出当前所采用的基于层次分析法(analytic hierarchy process,AHP)和模糊综合评价(fuzzy synthetic evaluation,FSE)相结合的方法、基于 D-S 证据理论的方法等无法适应复杂仿真系统可信度评估面临的新问题,同时指明后续复杂仿真系统可信度评估方法需要综合考虑子系统交互关系、系统级与试验级可信度综合评估以及无法获取试验级数据时,子系统级以及各单元局部可信度外推整体可信度的问题。上述研究旨在解决问题3,同时也给出了相应的研究展望,指出下一步的研究工作应当充分考虑装备的结构层次特性,在研究先验信息优选方法的基础上,实现"由分到整"的推理。

综上所述,先验信息的优化选择方法涉及先验信息的相容性检验以及可信度确定,相容性检验是确定可信度的前提条件,经过相容性检验筛选后的可信度确定则是保证先验信息合理准确运用的重要环节,因此二者缺一不可。综述相关文献,对于先验信息的优化选择要么仅考虑相容性检验,要么仅考虑可信度确定,导致对先验信息认识不充分,同时考虑相容性检验和可信度确定的方法也仅是针对特定的应用条件进行运用,适用性和移植性不足。需要针对导弹装备小子样和成败型数据特性,以及结合导弹装备复杂的系统结构特征,有针对性地开展先验信息的优化选择研究,以充分保证先验信息不漏用、不滥用。

(3)先验分布的融合方法

为了解决问题4,将不同类型的多源先验信息通过不同方式转化为先验分布形式后,需要考虑各先验分布间的融合方法。其基本思想为确定不同先验信息的融合权重,然后采取一定的融合方式进行融合,由此可见,先验信息的融合包含两个方面的内容:①融合权重的确定;②融合方式的选取。

针对测试性领域先验信息融合权重的问题,文献[138]通过不同先验分布间重叠区域面积计算各先验信息的可靠度,然后通过定义不同先验信息相对于实物试验信息的相对熵差来表征可信度,最后结合可靠度和可信度对多源先验信息进行合理评价,保证采用测试性先验信息的量和质;文献[139]通过构建专家信息、仿真信息以及历史信息的先验分布函数,同时给出相应的可信度求解模型,基于可信度采用归一化的处理方法确定其融合权重;文献[140]采用信息熵方法确定先验分布的不确定性测度,采用一致性度量方法确定先验分布的支持度,通过对不确定性测度和支持度进行加权融合,得到融合先验分布。由此可见,测试性多源先验信息融合权重以多源先验信息的可信度为核心,以其他约束指标(包括可靠度、支持度等)为辅,通过加权等方式进行确定。但当前文献研究中对于其他约束指标的选择未能有统一的标准,以及加权方式的选择均会对先验信息融合权重产生一定影响,因此有必要针对问题 4 进一步开展研究。

针对测试性先验信息融合方式的选取问题,文献[141]以 Beta 分布构建专家信息、增长信息以及单元信息在测试性指标辨识框架下的基本信任分配函数,运用 D‑S 证据理论实现 3 类信息的融合推理;文献[142]在获取多源先验信息的先验分布以及先验可信度后,基于可信度加权融合推断混合先验分布;文献[143]综合考虑复杂装备测试性验证试验具备小子样特性以及评估置信度低的问题,结合测试性结构模型和测试性贝叶斯网络模型,提出一种考虑装备全寿命周期数据信息融合的层次混合测试性模型和评估方法,该方法能通过贝叶斯网络实现先验信息的融合推理。针对不同先验信息数据类型,合理地选择相应的融合方式是研究需要考虑的问题,以保证融合的有效性。

结合上述分析可知,针对问题 4 的研究仍需进一步完善,先验信息融合方法的确定应当充分考虑系统结构以及各层次单元所蕴含的不同类型的先验信息,建立完整的融合体系有助于保证融合结果的准确性。

(4) 后验分布的确定方法

后验分布的确定方法主要用于解决问题 5,其基本思想是将实际装备测试性验证试验数据与先验分布相结合,间接扩大实际验证试验的小子样数据,在相同置信度约束下能得到高精度的指标评估结论。

后验分布的确定与先验分布的表征形式有关,文献[144]给出了基于新 Dirichlet 分布的 FDR 多元联合后验分布的计算式,以实现新 Dirichlet 先验分布和实际验证试验数据的融合;文献[145]以 Beta 分布拟合 FDR 动态模型的先验分布,然后基于实际测试性验证试验数据的似然函数和贝叶斯信息融合理论实现确定后验分布;文献[146]和文献[147]针对成败型试验开展研究,分析了使用混合 Beta 分布的融合先验信息和实际试验样本的合理性,并给出了基于混合 Beta 先验分布的后验分布计算方法,证明了后验分布函数是两个不同密度函数的加权和,保证先验信息利用的科学合理性,通过后验分布函数实现测试性指标的评估。由此可见,后验分布的确定首先取决于先验分布的分布形式,其次需要通过贝叶斯融合理论将实际测试性验证试验所确定的似然函数与先验分布相结合。

综上分析,针对问题 5 的研究相对而言比较成熟,当先验分布的分布形式这一核心环节确定后,即可利用贝叶斯融合理论实现将先验信息作为实际验证试验的扩充。因此,通过对问题 2~问题 5 的充分考虑,所得到的后验分布充分融合了具备较高可信度的先验信息，则通过后验分布以及承制方和使用方指标约束所确定的故障样本量相对会降低，文献[150]中所述的传统贝叶斯测试性验证试验方案和文献[149]中提出的基于双方后验风险确定测试性验证故障样本量等方法，均能一定程度上解决问题 1 故障样本量过大的问题。

2. 基于序贯抽样方法的故障样本量确定

相对于单次抽样方法在开展测试性验证试验前就已经确定好故障样本量与对应的最大允许检测/隔离失败数而言，基于序贯抽样方法的故障样本量确定方法在验证试验开展前无法确定样本量，需要根据试验结果动态确定。无论是单次抽样方法还是序贯抽样方法，均在实际工程中有广泛应用，主要根据测试性验证试验的需求进行选择，前面分析了单次抽样方法存在的问题，故有必要针对现有序贯抽样方法存在的问题开展研究。

序贯抽样方法最初由 Wald[150] 首次提出，文中提出构建如式(1.3)的假设检验问题，然后通过计算两种假设似然函数比的值，依据相应的判决阈值进行动态的接收/拒收判定，并称之为序贯概率比检验法。

$$H_0:p=p_0 \quad \text{vs} \quad H_1:p=p_1 \tag{1.3}$$

假设进行 n 次测试性验证试验的序贯过程用序贯序列 $T=\{T_1,T_2,\cdots,T_n\}$ 表示，其中元素 T_i 代表一次成败型试验，故取值为 0 或 1，并定义 $T_i=1$ 表示第 i 次故障检测/隔离成功，$T_i=0$ 表示第 i 次故障检测/隔离失败。同时记 $c=\text{count}(T_i=0)$ 为序贯序列中累积检测/隔离失败数，则似然函数比为

$$\lambda_n = \frac{L(T\mid p_0)}{L(T\mid p_1)} = \frac{C_n^c p_0^{n-c}(1-p_0)^c}{C_n^c p_1^{n-c}(1-p_1)^c} = \frac{p_0^{n-c}(1-p_0)^c}{p_1^{n-c}(1-p_1)^c} \tag{1.4}$$

通过对似然函数比 λ_n 求对数，以及根据双方风险约束 α 和 β 确定 $\ln\lambda_n$ 的阈值上界 A 和阈值下界 B，则可以根据图 1.2 所示的序贯判决图直观地判断每一次序贯过程的决策结果。

图中 $l/\!/l'$，斜率 s 和截距 h、h' 可通过文献[151]求取，从图中可以看出，序贯抽样方案很可能一直处于继续验证区域而无法进行决策。考虑到序贯抽样方法具备检验精度高等优点，因此，针对下述问题的研究具备十分重要的意义。

问题 6 针对序贯抽样方法所确定的故障样本量上限过大甚至于无法确定故障样本量上限，导致装备在实际测试性验证试验实施过程中无法对成本进行预算与控制的问题，如何确定序贯抽样算法的截尾措施，使得序贯抽样特性指标——平均样本量(average sample number, ASN)达到最小，同时使最大样本量可控且达到最小？

针对问题 6，相关标准 GB 5080.5 以及 IEC 1123 等[152,153]均罗列出一定约束条件下的序贯试验的截尾策略，虽然克服了最大样本量无法控制的问题，但所确定的截尾故障样本量仍较大，不能适用于导弹等高精度、高成本的军工装备的测试性验

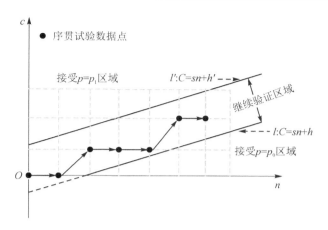

图 1.2 SPRT 序贯判决

证试验的检验决策。进一步,借鉴截尾 SPRT 方法的思想,文献[154]针对标准中未能考虑的截尾条件,研究具体试验及约束条件下的截尾方案,提出了适度放宽双方风险约束以及通过调整接收/拒收判决边界两种确定故障样本量的方法,能较为灵活地根据试验需求确定样本量;文献[155]即针对问题 6 提出了序贯网图检验(sequential mesh test,SMT)方法以实现最大样本量可控,通过与截尾 SPRT 方法比较证明其有效性;文献[156]在此基础上将 SMT 方法扩展到 Koopman - Darmois 分布簇,系统阐述了检验构造方法及相关性质,证明了其能有效减少最大样本量,对实际的工程具备指导意义。

除此之外,文献[157]和文献[158]在 SPRT 方法的基础上研究了多假设序贯概率比检验(multi-hypothesis sequential probability ratio test,MSPRT)方法,将两假设检验空间扩展到多假设检验空间,有效解决了两假设检验间承制方测试性指标要求值和使用方测试性指标要求值之间的模糊检验空间问题,改变了传统方式仅作出接受/拒收"非此即彼"的决策模式,为验证试验提供了更为详尽的决策信息。

但上述针对截尾 SPRT、SMT 和 MSPRT 相关方法的研究仅是针对问题 6 中最大样本量可控且达到最小而言的,而对于平均样本量考虑较少。和单次抽样方法一样,研究者考虑是否能将先验信息运用于序贯抽样方法中,让序贯抽样方法充分融合测试性先验信息,研究最大样本量可控的前提下降低平均样本量。因为要运用先验信息,因此针对问题 2~问题 5 的研究是必要的,不同的是如何将先验信息和 SPRT 方案进行结合实现样本量的确定。因此,主要有以下问题需要解决:

问题 7 融合先验信息后如何对序贯试验进行决策?

问题 8 如何分析融合先验信息的序贯抽样方法的统计特性?

鉴于贝叶斯方法[159~161]能充分运用测试性先验信息,达到降低实际验证试验所需样本量的目的,测试性研究人员和相应的军工单位相应将贝叶斯方法应用于装备可靠性、维修性以及测试性的验证试验设计中,旨在解决经典序贯验证试验周期过长以及试验样本量过大的问题,因此贝叶斯方法结合 SPRT 方法对于解决问题 7 和问题 8 积累了一定研究成果:

(1) 贝叶斯决策规则的确定方法

决策规则的确定主要用来解决问题 7,其核心是在给定的约束条件下构建相应的决策法则对测试性验证试验序贯过程进行判定。

通过对相关文献的检索[162~164],利用贝叶斯方法研究测试性序贯检验决策规则,主要可以分为两类:①基于后验期望损失的假设检验方法;②基于序贯验后加权检验(sequential posterior odds test,SPOT)方法。文献[165]给出了在损失函数约束下基于贝叶斯框架的序贯检验决策规则,通过原假设和备择假设的后验概率比值与期望损失函数的比值作对比,进行序贯决策;文献[166]给出了在弃真和采伪两类风险约束条件下,通过定义验证试验后原假设和备择假设成立前提下的后验概率加权比,根据事先确定的判决阈值进行判定。目前,这两种不同形式的检验方法均有一些研究成果,在测试性工程中也得到较为广泛的应用。但基于后验期望损失的假设检验方法决策稳定性差,掣肘于抽样样本,决策会具备较大的风险,同时未能从概率意义上分析研究约束条件的选取是否可行以及对应的决策是否合理,同时 SPOT 方法对于后验概率比的阈值确定(决策常数)方法不一,以及工程中对于采伪风险和弃真风险的概率意义不清,导致工程对两类风险的选取困难。

针对上述不足,研究人员开展了一些扩展性的研究:文献[167]研究了 SPOT 方法的决策区划分,同时讨论了 SPOT 方法的截尾措施以及确定犯弃真和采伪风险的概率上限;文献[168]梳理分析了现有文献中决策常数确定和风险选取的系统性不足,给出了一种风险选取准则和决策常数的计算公式,对工程运用基于 SPOT 方法的序贯试验具备理论指导意义;文献[169]结合装备可靠性分析,针对以上假设检验方法的不足之处,以贝叶斯方法为基础,提出了基于后验概率的序贯检验模型,并给出了模型求解及风险计算方法,使序贯决策结论满足风险约束条件,同时能保证决策的科学合理性。

上文所述研究工作均是基于经典的两假设条件,而事实上,测试性指标空间将参数空间划分为三参数空间,上述文献的分析均未能考虑承制方和使用方测试性指标要求值之间的模糊参数空间,当测试性实际指标值位于模糊参数空间时,强制截尾措施和接受/拒收决策均会导致较高的误判率,同时为了作出判决必然会增加试验所需样本量。因此,有必要针对测试性指标的模糊参数空间进行研究,同时设计相应的决策规则。

(2) 统计特性描述方法

序贯试验的截尾方式可以具备很多形式,比如固定截尾措施和约束截尾措施等,截尾措施的好坏取决于序贯试验方案的抽样特性(operation characteristic,OC)函数,在抽样特性函数相当的前提下,需要对序贯试验的度量指标 ASN 进行分析。因此,统计特性描述方法主要用于解决问题 8,其核心是在给定截尾措施的前提下,通过一定途径确定 OC 函数和 ASN 的统计特性。

文献[151]针对现有截尾 SPOT 方法的截尾措施会增加相应的风险这一问题,通过制定双方风险增量的上限进行风险控制,通过对双方风险的拆分,重新确定截尾 SPOT 方法的判决阈值,实现对截尾措施的优化,并通过 Monte? Carlo 方法对优化 SPOT 方法的统计特性进行分析,得到优化截尾 SPOT 方法近似接近未采取截尾措施 SPOT 方法的 OC 曲线,同时实际案例也验证了优化截尾 SPOT 方法相对于常规截尾 SPOT 方法与未截尾 SPOT 方法具备更小的 ASN;文献[170]以双方风险约束之和最小为约束目标,构建截尾点的优化约束问题实现截尾 SPOT 方法的截尾点优化选取,解决了工程中截尾样本量和截尾点的确定问题,具备理论价值,同时能有效降低 ASN。

通过以上相关文献的研究可以发现,不同截尾点或截尾措施均会得到不同的截尾方案,但相应存在求解截尾样本量或截尾点的复杂性以及确定故障样本量后缺乏对决策合理性的分析的问题。同时截尾方案的确定直接影响着 OC 特性曲线和 ASN 的统计特性。如何确定截尾形式,如何保证 OC 特性曲线与未截尾 SPOT 方法的相似性,如何使 ASN 得到有效降低等均是当前需要进一步考虑的问题。

综上所述,在问题 2~问题 5 的研究前提下,基于问题 7 和问题 8 的研究仍须进一步完善,本书针对 SMT 方法和 SPOT 方法各自的优点和不足,开展下述研究:①SMT 方法和先验信息的融合问题以及决策规则的确定;②SPOT 方法对于测试性指标模糊参数空间的处理问题以及决策规则的确定;③不同方法的统计特性描述问题。

1.4.2 故障样本量分配

故障样本量分配技术作为测试性验证技术的一个重要环节,是在确定故障样本量后采取一定方式从装备系统的故障模式集中抽取与所确定的故障样本量等量的故障模式,然后在试验室或实际使用环境下通过故障注入的方式,以约定的检测/隔离手段评估装备测试性水平。考虑单次抽样方法能在验证试验前即可确定所需故障样本量,而序贯抽样方法的故障样本量随抽样过程而定,因此对于故障样本量的分配问题应针对两种不同的抽样方法进行考虑。

1. 故障样本量已知条件下的分配方法

当在测试性验证试验前确定故障样本量后,需要按照一定的方式对故障样本量实施分配,得到试验所需注入的验证故障模式集。考虑到导弹等复杂装备系统故障模式集中具有大量不同的故障模式,而要从其中抽取少量的故障模式构成验证故障模式集,必然会存在验证故障模式集的代表性和充分性问题。显然,故障样本量分配不合理将直接影响验证模式集的代表性和充分性[171],必然导致测试性评估结论具备较大的不确定性。因此,对以下问题开展研究具备重要的意义。

问题 9 针对单次抽样方法所确定的故障样本量,如何保证样本量分配的合理性和科学性,使得测试性指标评估结论具备高置信度?

针对问题 9,根据分配过程中对分配因子数量的考虑,可以将分配方法归结为基于单一分配因子以及基于多分配因子的故障样本量分配方法两类。

(1)基于单一分配因子的故障样本量分配方法

GJB 2072—1994 和 MIL-STD-471A 等相关国内外军标中给出了固定样本量下基于故障率的分层抽样分配方法,将所确定的样本量逐层分配到约定层次,然后根据约定层次的故障模式相对发生频数进行随机抽样,得到试验所需注入的验证故障模式集,该方法是当前普遍采用的分配方法之一,但仅考虑了故障率这一单一因素,而故障率信息多是基于可靠性预计所得,一旦故障率信息不准,必然影响所分配的验证故障模式集,直接降低测试性指标评估结论的置信度。因此,李天梅[172]等用 Gamma 分布拟合故障率的先验信息,并依据分位点求解超参数,以 Monte Carlo 仿真方法将抽样平均值作为故障率的真实值,解决了故障率不准确导致的分层抽样分配方法样本分配的不合理问题。此外,李天梅等[173]在其自身研究基础之上,通过引入故障扩散强度这一描述故障模式间相互传播扩散关系的概念,提出了基于故障扩散强度的样本分配方法;赵建杨等[174]在李天梅的研究基础之上,继续考虑装备故障模式的危害度,提出基于危害度相对比值的故障样本量分配方法,实际案例验证了该分配方法相对于基于故障率的分层抽样分配方法的分配结果更加合理。

以上方法均在一定程度上优化了分配后的验证故障模式集,但受限于分配因子的考虑单一,一旦单一分配因子数据不准确,仍会对验证故障模式集的充分性和合理性产生影响,因此综合考虑不同分配因子的研究就随之应运而生。

(2)基于多分配因子的故障样本量分配方法

文献[175]运用统计试验理论中权值分配大小取决于贡献程度这一思想,以相对故障率、危害度、故障检测隔离时间、故障修复性以及测试性研发代价构建5维单元特征向量的贡献度模型,据此根据质量功能展开(quality function deployment,QFD)方法求解贡献度,进一步按不同分配因子的贡献度实施分配;文献[176]根据机电系统选择故障扩散强度、故障模式数、故障危害度和故障率4个分配因子实施分配,完成对样本结构的优化选取;文献[177]考虑将故障属性的5个不同组成作为样本分配的分配因子,分别构建故障属性、严酷度、扩散度和故障被检测难度的求解模型,然后结合故障率信息按故障属性值的相对比值分配给各单元相应的故障模式。但上述方法局限于被检测装备的不同,所考虑的分配因子没有统一的管理,直接制约以上分配方法在工程上的适用性,据此文献[178]梳理现有文献中样本分配因子与故障模式、影响及危害性分析(fault modes,effect and criticality analysis,FMECA)的关系,旨在解决分配因子的选择问题,并给出各分配因子的权重分配确定算法,得到的分配结果考虑因素较为全面,但未能进一步将分配给各单元的样本量分配给对应的故障模式。

以上基于多分配因子的分配方法大多借鉴综合加权的思想,能降低单一分配因子所占权重过大的问题,由于考虑因素较为全面,因此对于验证故障模式集具备一定优化作用。但未对以下两方面内容进行考虑:①由于故障模式的频数差异,极可能出现故障相对发生频率小的故障模式分配的故障样本量为 0,使得测试性验证故障模式集充分性和覆盖性不足;②按比例分层分配方法考虑了系统结构特性,实现逐层分配,但却忽略了各单元在系统结构中的重要度度量,同时对样本分配和故障模式分配没有明确的区分。因此针对以上两点考虑对问题 9 开展进一步研究,以进一步完善验证故障模式集的充分性和覆盖性,保证下一步评估结论的准确性。

2. 故障样本量未知条件下的分配方法

序贯类测试性验证试验在开展前不能确定故障样本量,因此事先无法确定验证故障模式集,在验证实施时须首先确定故障模式抽取单元,然后从选定的抽取单元的故障模式集中抽取一个故障模式,以此实现测试性验证试验的序贯故障注入。这就带来了序贯类测试性验证试验分配实施问题:

问题 10 针对测试性序贯验证试验前故障样本量未知的情形,如何实施抽样保证抽取故障模式的确定性、随机性和覆盖性要求?

事实上,基于序贯抽样方法的测试验证试验在对故障模式进行抽样时,需要满足三方面的要求:①确定性,即对故障模式进行抽取时,是基于 FMECA 相关信息的,各故障模式被抽取的概率是与其故障频数比成正比的,符合故障的统计规律;②随机性,即按照序贯的抽样方式,每一次抽取哪一个故障模式不能预见,具备随机性,在实施测试性验证时,通常采用程序生成随机数等方法进行随机抽样;③覆盖性,即保证抽取单元能够覆盖系统各组成单元,如此则保证了故障模式具备覆盖性。

考虑到序贯验证试验的特性,序贯验证试验仅能采取按比例的简单随机抽样的方法生成验证试验的序贯序列。《维修性试验与评定》(GJB 2072)中给出了根据故障的相对发生频率乘以 100 确定故障的累积区间,然后通过均匀分布生成算法生成 00~99 的随机数,与相应故障的累积区间作比较,如果随机数落入某个故障的累积区间内,则选中该单元,故障模式的选取方式类同。但是,按比例的简单随机抽样方法同时也存在以下缺陷:①确定性考虑不充分。上述方法一定程度上契合故障发生的统计规律,但仅考虑了故障率信息,考虑因素单一,因此会造成故障发生的累积区间不准确。②随机性带来的抽样误差。确定性和随机性作为对立的存在,是随机序列优劣评判的两个方面,但在测试性序贯验证试验中更偏重确定性,即对应随机序列的均匀性,现有方法中生成的随机数一则并不完全随机,二则不能保证随机数生成的均匀性。

相关文献中针对问题 10 的研究较少,文献[179]中将环境、故障率以及虚拟可信度作为分配因子,用于测试性序贯验证试验中的故障模式的相对发生频率的累积区间计算,进而实现故障模式的抽取;文献[180]考虑随机序列的均匀性,提出基于准随机序列的样本分配方案,通过工程试验和仿真验证了该方法对于减少抽样误差和保证覆盖性具备一定的作用。上述文献仅从确定性和随机性考虑了抽取单元和故障模式的分配,对于相关因素的考虑也局限于特定条件,对准随机序列生成方法的考虑也相对不足,因此进一步针对问题 10 开展深入研究能有效提高测试性序贯验证试验的指标评估结论的准确性。

1.4.3 测试性指标评估

无论是基于单次抽样还是序贯抽样方法的测试性验证试验,上文所述故障样本量确定技术和故障样本量分配技术的研究成果,以及给出的针对问题 1~问题 10 的进一步研究计划,均是旨在解决测试性验证试验指标评估结论不准确的问题,以期得到具备较高置信度的指标评估结论。如此便带来一个新的问题:

问题 11 确定测试性验证故障样本量,通过样本分配构建故障模式集后,通过故障注入的方式得到测试性验证试验结果,如何根据结果建立测试性指标评估模型?

测试性指标评估技术主要是根据装备的故障检测/隔离情况运用概率统计理论对 FDR/FIR 建立相应的评估模型进行评估。根据指标评估模型中是否运用测试性先验信息,现有文献的研究工作主要归结为以下两方面:

(1)以经典统计理论为核心的测试性指标评估技术

这方面的研究一般不利用测试性先验信息,通常基于概率信息和试验数据对测试性指标进行评估:

① 测试性预计技术是基于概率信息对测试性指标进行评估的最具代表性的方法之一,是指采用经验、模型或图解的形式,实现装备测试性指标的预计,包括通过相似装备预计在研装备测试性指标的方法、基于详尽的数据信息和流程设计的工程预计法以及基于模型的计算机辅助预计法。其中相似装备预计法主观性较大,工程预计法需要十分详尽的数据作为支撑,同时对流程设计要求严苛,工程实施难度较大,如文献[181]所建立的模糊综合评判模型可视为工程预计法的扩展,须建立导弹装备多任务阶段全面的评估体系,操作中工作量较大,数据收集也不一定十分完善。计算机辅助预计法的核心就是基于相关性矩阵进行测试性指标的预计。综述文献[182]~文献[189],可以得到计算机辅助预计法实施测试性指标预计的主要步骤:

a.建立故障-测试(fault－test,F－T)相关性矩阵;b.计算 F－T 之间的概率矩阵;c.通过 F－T 概率矩阵估计 FDR/FIR,其中 F－T 相关性矩阵主要通过多信号流模型和贝叶斯网络模型构建,但考虑到建模时 F－T 逻辑关系的简化处理,相关性矩阵存在一定偏差,计算 F－T 概率矩阵具备较大的不确定性,影响测试性指标预计结果。

② 基于试验数据对测试性指标进行评估通常考虑点估计模型、二项分布置信区间估计模型,以及给定置信度的置信下限估计模型三种不同的指标评估模型[151,190]。但以试验数据为主的评估模型应用的前提条件是具备充足的试验样本量,根据统计理论,样本量越大则越能反映测试性指标的真值,若样本量不足,则相应的估计值会与实际值存在较大的偏差。对于导弹装备而言,受限于故障注入试验的损伤性,大量故障注入得到较大样本的以试验数据为主导的评估方式无法适用,如何扩大用于评估的样本量就是研究的重中之重。

(2)以小子样理论为核心的测试性指标评估技术

实施测试性指标评估旨在获取被验证装备尽可能接近真值的测试性水平,引入测试性先验信息的根本目的是扩大小子样指标评估问题的样本量,通过建立测试性综合评估模型对指标进行评估:文献[191]以贝叶斯统计理论为基础,建立融合多源先验信息的测试性指标综合评估模型,并以装备 FDR/FIR 的贝叶斯后验分布模型,求解 FDR/FIR 对应的贝叶斯点估计[192]以及置信度约束下的区间估计和下限估计,然后根据决策要求进行决策;文献[151]在充分考虑测试性实物相关的先验信息的基础上,引入测试性虚拟试验数据,建立虚实结合的测试性指标综合评估模型,通过决策准则给出装备指标的评估结论。这类方法研究的层次大多集中于系统级,通过融合系统级先验信息进行指标评估,但事实上装备研制过程中系统级的先验信息反而较少,各组成单元的先验信息较多,那么构建一个模型框架将系统各组成单元先验信息纳入其中实施推理就十分必要,如此能最大限度地保证各层级先验信息的运用。

综上所述,以经典统计理论为核心的测试性指标评估技术在导弹武器装备的运用中具备局限性,而小子样测试性验证条件下的多源信息融合方法能很大程度上扩大用于评估的样本量,但是对于系统结构特性考虑不足,没能考虑系统底层元件先验信息及其数据特性,因此对于构建统一的测试性验证模型框架,系统化解决测试性指标评估问题就显得尤为重要。

1.5　测 试 性 参 数

1.5.1　故障检测率

故障检测率(fault detection rate,FDR)是指在规定的时间内用规定的方法正确检测到的故障数与故障总数之比,用百分数表示。

假设正确检测到的故障数为 N_D,发生的故障总数为 N_T,则故障检测率可以用式(1.5)表示:

$$\text{FDR} = \frac{N_D}{N_T} \times 100\% \tag{1.5}$$

在开展测试性预计工作时,可以按照理论近似认为某些系统和设备故障率(λ)为常数,式(1.5)近似表达为

$$\text{FDR} = \frac{N_D}{N_T} \times 100\% = \frac{T \times \lambda_D}{T \times \lambda} \times 100\% = \frac{\lambda_D}{\lambda} \times 100\% = \frac{\sum \lambda_{Di}}{\sum \lambda_i} \times 100\%$$
$$\tag{1.6}$$

在开展测试性试验与评价工作时,可以通过抽样试验将式(1.5)近似表达为

$$\text{FDR} = \frac{N_D}{N_T} \times 100\% = \frac{N_{D'}}{N_{T'}} \times 100\% \tag{1.7}$$

其中,$N_{T'}$ 为试验中注入的故障总数,$N_{D'}$ 为试验中能够正确检测到的故障总数。

值得注意的是,故障检测率是在"规定的时间"下的一个指标,这个时间可以是装备某个研制阶段,也可以是装备交付后一段较长的使用时间,这就意味着故障检测率并非一个始终不变的量,在装备的全寿命周期中可以通过合理的改进获得指标的提升。

"规定的方法"是指操作员或维修人员用 BIT、ATE 或人工检查或几种方法的综合来完成故障检测,考虑到多数情况下故障的发现是依托于所采用的测试手段的,这为 FDR 定义中分母的取值带来了争议。有的学者认为故障只能通过测试设备发现,而有的学者认为针对 BIT 的测试性验证试验中 FDR 的分母应该是 ATE 测得的故障数,但正确的理解是 FDR 定义中的分母应该与测试手段无关,测试性验证试验中 FDR 的分母使用的是经评估过的与测试手段无关的故障样本集。

1.5.2 关键故障检测率

关键故障检测率(critical fault detection rate,CFDR)是指在规定的时间内用规定的方法正确检测到的关键故障数 N_{CD} 与被测单元发生的关键故障总数 N_{CT} 之比,用百分数表示。其数学模型为

$$\text{CFDR} = \frac{N_{CD}}{N_{CT}} \times 100\% \tag{1.8}$$

在开展测试性分析与预计工作时,关键故障检测率可以近似表达为

$$\text{CFDR} = \frac{\sum \lambda_{CDi}}{\sum \lambda_{Ci}} \times 100\% \tag{1.9}$$

式中，$\lambda_{\mathrm{CD}i}$ 为第 i 个可检测到的关键故障模式的故障率；$\lambda_{\mathrm{C}i}$ 为第 i 个可能发生的关键故障模式的故障率。

关键故障检测率定义中涉及的关键故障模式一般包括可以影响装备任务完成、安全使用或关键指标的故障，应经合理评审后确定。

1.5.3　故障隔离率

故障隔离率（fault isolation rate，FIR）是指在规定的时间内用规定的方法将检测到的故障正确隔离到不大于规定模糊度 L 的故障数 N_{L} 与检测到的故障总数 N_{D} 之比，用百分数表示，其中模糊度 L 是指隔离组内可更换单元数。故障隔离率的数学模型为

$$\mathrm{FIR} = \frac{N_{\mathrm{L}}}{N_{\mathrm{D}}} \times 100\% \tag{1.10}$$

在开展测试性分析与预计工作时，故障隔离率可以近似表达为

$$\mathrm{FIR} = \frac{\lambda_{\mathrm{L}}}{\lambda_{\mathrm{D}}} = \frac{\sum \lambda_{\mathrm{L}i}}{\lambda_{\mathrm{D}}} \times 100\% \tag{1.11}$$

理论上，如果没有时间和资源的限制，任何故障都能实现唯一性隔离，但是在实际资金、人力、任务时间和工程约束条件的制约下，传统的提高故障隔离率的方法是使用更好的诊断策略或诊断算法，随着深入研究发现，加强装备故障可诊断性设计是提高故障隔离率的比较有效的方法。

1.5.4　虚警率

虚警率（false alarm rate，FAR）是指在规定的时间内发生的虚警数 N_{FA} 和同一时间内的故障指示总数 N 之比，用百分数表示，其数学模型为

$$\mathrm{FAR} = \frac{N_{\mathrm{FA}}}{N} = \frac{N_{\mathrm{FA}}}{N_{\mathrm{F}} + N_{\mathrm{FA}}} \times 100\% \tag{1.12}$$

式中，N_{FA} 指虚警次数，N_{F} 指真实故障指示次数。

工程中虚警分为Ⅰ类虚警和Ⅱ类虚警两种情况。Ⅰ类虚警指错误隔离故障，即错报。Ⅱ类虚警指错误检测，即无故报错。

在开展测试性分析与预计工作时，虚警率可近似表达为

$$\mathrm{FAR} = \frac{\lambda_{\mathrm{FA}}}{\lambda_{\mathrm{D}} + \lambda_{\mathrm{FA}}} \times 100\% \tag{1.13}$$

式中，λ_{FA} 为虚警发生的频率，包括会导致虚警的测试设备的故障率和未防止的虚警事件的频率等之和；λ_{D} 为被检测到的故障模式的故障率总和。

1.5.5　平均虚警间隔时间

在规定的时间内产品运行总时间与虚警总次数之比为平均虚警间隔时间，其数

学模型可表示为

$$T_{BFA} = \frac{T}{N_{FA}}$$

式中,T 为产品运行总时间、运行总次数或者运行总里程;N_{FA} 为虚警总次数。

与虚警率不同,平均虚警间隔时间是一个不受可靠性影响的量,在新型号研制中受到越来越多的重视和应用,逐渐代替了虚警率。产品运行时间可以选择与产品相关的可以统计的时间度量,例如,在军用飞机中,平均虚警间隔时间常常具体为平均虚警间隔飞行小时。

1.5.6 故障检测时间

故障检测时间(FDT)是指从开始故障检测到给出故障指示所经历的时间。FDT 是系统故障潜伏时间的一部分,FDT 越短,潜伏故障发现就越早,其可能造成的危害就越小。FDT 还可用平均故障检测时间(MFDT)表示,平均故障检测时间是指开始执行检测到给出故障指示所需时间的平均值。其数学模型可表示为

$$T_{MFDT} = \frac{\sum t_{Di}}{N_D} \times 100\% \tag{1.14}$$

式中,t_{Di} 为检测并指示第 i 个故障所需时间;N_D 为检测出的故障数。

1.5.7 故障隔离时间

故障隔离时间(FIT)是指从开始隔离故障到完成故障隔离所经历的时间。故障隔离时间可以用平均故障隔离时间(MFIT)来表示,平均故障隔离时间是从检测出故障到完成故障隔离所经历时间的平均值,还可以定义为测试设备完成故障隔离过程所需的平均时间。其数学模型可表示为

$$T_{MFIT} = \frac{\sum t_{Ii}}{N_D} \times 100\% \tag{1.15}$$

式中,t_{Ii} 为隔离第 i 个故障所需时间;N_D 为检测出的故障数。

1.5.8 平均诊断时间

平均诊断时间(MTTD)定义为从开始检测故障到完成故障隔离所经历的时间平均值。其数学模型可表示为

$$T_D = \frac{\sum t_{Di}}{N_D} \tag{1.16}$$

1.5.9 平均 BIT 运行时间

平均 BIT 运行时间(MBRT)定义为:完成一个 BIT 测试程序所需的平均有效时

间。其数学模型可表示为

$$T_{BR} = \frac{\sum T_{BBi}}{N_B} \qquad (1.17)$$

1.5.10 误拆率

误拆率(FFP)定义为由于 BIT 故障隔离过程造成的从系统中拆下好的可更换单元(即实际上没有故障的可更换单元)数与在隔离过程中拆下的可更换单元总数之比,用百分数表示:

$$\gamma_{FP} = \frac{N_{FP}}{N_{FP} + N_{CP}} \times 100\% \qquad (1.18)$$

式中,N_{FP} 为故障隔离过程中拆下无故障的可更换单元数;N_{CP} 为故障隔离过程中拆下的有故障的可更换单元数。

1.5.11 不能复现率

不能复现率(CNDR)定义为在规定的时间内,由 BIT 或其他监控电路指示的而在外场维修中不能证实(复现)的故障数与指示的故障总数之比,用百分数表示。

1.5.12 台检可工作率

台检可工作率(BCSR)定义为在规定的时间内,基层级维修发现故障而拆卸的可更换单元在中继级维修的试验台测试检查中是可工作的单元数与被测单元总数之比,用百分数表示。

1.5.13 重测合格率

重测合格率(RTOKR)通常定义为在规定的时间内,在基地级维修的测试中,发现因"报告故障"而拆卸的产品是合格的产品数与被测产品总数之比,用百分数表示。

1.5.14 剩余寿命

剩余寿命指通过预测得到的产品故障前的剩余工作时间长度,又称为故障前置时间、残余寿命、剩余工作寿命。

第2章 测试性需求分析与指标分配

2.1 概 述

测试性需求分析是测试性设计的前提,而需求信息的获取又是测试性需求分析的重要环节。如何将可靠性、维修性等信息作为约束,确定装备的测试性指标是本章的研究重点。

本章首先明确测试性需求的概念,将系统需求信息与装备的测试性需求信息关联起来,确定装备测试性需求影响因素,为装备的测试性需求建模奠定基础;然后对Petri网的概念进行阐述,对其在系统中的评估进行了分析,继而提出一种基于广义随机 Petri 网(generalized stochastic Petri nets,GSPN)的测试性需求建模方式,将可靠性、维修性等相关指标与测试性指标相关联;最后采用 GSPN 建立装备的系统级和多层级测试性需求模型,得到系统各层级测试性指标。总体技术路线如图 2.1所示。

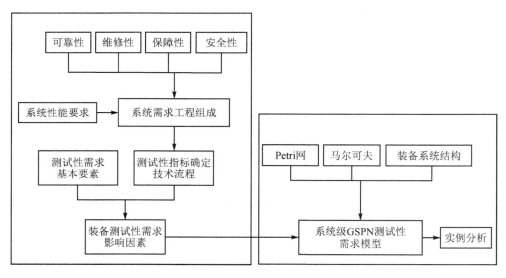

图 2.1 测试性需求分析总体技术路线

2.2　装备测试性需求分析

2.2.1　系统需求工程的重要组成

　　随着装备朝向智能化发展,"六性"设计的研究难度加大[193]。装备的作战使用与"六性"密不可分,系统性能和"六性"存在多种关联关系[50,94]。系统性能会随着使用时间的增加而降低,当系统发生故障或出现不安全因素时,会对装备进行测试和维修[5]。测试性水平的高低决定了装备是否能够快速并准确地隔离故障,从而提高维修保障水平[195]。故障能够及时检测并修复,可以提高装备可靠性和安全性的水平。从上述分析可以得出结论:装备测试性设计的好坏影响系统性能及任务成功率等因素。对装备开展测试性需求分析,提出测试性指标要求,从而能够有效指导测试性设计。

2.2.2　测试性指标确定的技术流程

　　定性分析给出的测试性指标是通用的,须根据装备需求信息将其定量化后应用于测试性设计,还须通过后期评价,不断修正调整,才能得到最符合装备需求的测试性指标。

　　测试性指标确定的基本过程可用图 2.2 来表示[17]。不难看出,系统众多需求信息直接或间接地影响测试性指标的确定,如何通过一种手段将相关信息进行定性分析或定量分析来确定测试性指标,对提高装备测试性水平具有重要意义。

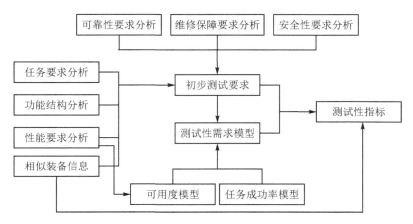

图 2.2　测试性指标确定过程

2.2.3 测试性需求的基本要素

从实际工程出发,以下面六种信息来描述测试性需求的组成[196]:测试对象、测试地点、测试时机、测试方式、测试设计约束以及测试性指标要求。

2.2.4 装备测试性需求影响因素分析

图2.3所示为装备需求信息与测试性需求的关系,图中包括三个层级:影响因素层,明确装备的需求信息,其中包含六种影响因素;因素特征层,将六大影响因素详尽划分;基本要素层,将所有的因素特征与测试性需求的六种信息相对应。

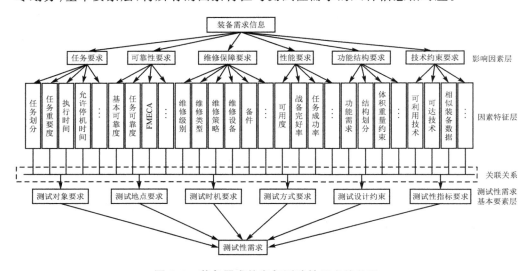

图2.3 装备需求信息与测试性需求的关系

1. 任务性要求分析

以导弹装备为例,装备寿命周期由贮存与技术准备、装载和值班三个阶段组成,如图2.4所示。

从以下三个方面对装备任务的基本属性进行分析:

① 任务划分:每个阶段都有与其对应的测试诊断要求,须结合导弹自身情况和任务特点确定测试方案。

② 任务重要度:在前两个阶段,首要保证故障率较高的故障能被及时检测和隔离;在最后阶段,主要考虑故障的快速检测和隔离。

③ 任务执行时间:导弹长期处于保障任务阶段,其可靠性随着储存时间的增加而降低,故障发生的概率会大大增加,因此需要采取周期检测的方式;在装载和值班阶段,任务时间有明确的规定,与贮存阶段不同,此时需要导弹具有较高的故障检测率和故障隔离率。

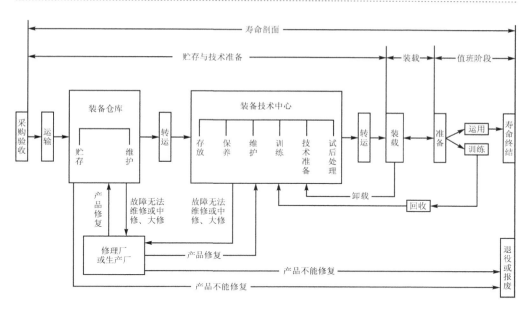

图 2.4　装备全寿命剖面

2．可靠性要求分析

可靠性要求分析是测试性需求分析的重要依据之一，包括以下两方面：可靠性对装备测试性需求的影响和故障模式、影响及危害性分析。

（1）可靠性要求对装备测试性需求的影响

① 机内测试设计需要简单化，因为 BIT 自身发生故障，装备也会出现故障，复杂的 BIT 会降低导弹的可靠性。

② 测试设备的可靠度要比导弹可靠度高一个数量级，以防止虚报故障或者指示错误的故障。

③ 人为操作失误造成的故障可以通过 BIT 的使用而减少。

④ 不同的任务会出现不同的可靠性框图，须采取不同的测试方案。

（2）FMECA

FMECA[194] 是目前研究"六性"至关重要的因素，主要给出故障模式、故障率、严酷度、危害度等信息。需要对严酷度、危害度等级较高的装备进行严格监控，并在设计初期增加 BIT 等测试手段，以提高装备的可靠性和测试性能。

3．维修保障性要求分析

同可靠性要求一样，维修保障要求也是测试性需求的来源之一，包括方案要求和资源要求两方面。维修保障要求对测试性需求的影响表现为以下四个方面：

① 不同的测试性需求对应着不同的维修级别。

② 不同系统对应的维修类型亦不相同，包含多种维修计划，可根据具体装备以

及具体要求指定维修计划。

③ 维修策略根据维修对象的不同可划分为精确、模糊及强制性[148]三种维修方式。

④ 维修保障资源直接影响装备的战备完好性。

4. 装备性能要求分析

系统可用性、战备完好性和任务成功性等性能指标对测试性需求的影响分析如下：

（1）可用性要求分析

工程实践中的可用度根据需求不同可划分为固有（inherent）、可达（achieved）和使用（operational）。对于使用方来说，最关心的是使用可用度 A_0，其计算公式为

$$A_0 = \frac{T_{BM}}{T_{BM} + T_{MD}} \tag{2.1}$$

式中，T_{BM} 为平均维修间隔时间；T_{MD} 表示装备不能工作时间，即

$$T_{MD} = T_{ct} + T_{pt} + T_{it} + T_{at} + T_{tt} \tag{2.2}$$

式中，T_{ct} 为故障修复时间，T_{pt} 为预防维修时间，T_{it} 为延误时间，T_{at} 为等待维修时间，T_{tt} 为故障检测和隔离时间。

提高系统测试性水平将有效提高 A_0[4]。

（2）战备完好性要求分析

装备战备完好率 P_{or} 的计算公式为

$$P_{or} = R(t) + Q(t) \cdot P(t_m < t_d) \tag{2.3}$$

其中，$R(t)$、$Q(t)$ 分别为执行任务前系统无故障、发生故障的概率，t 为任务持续时间，t_m 为测试及维修时间，t_d 为故障发生到装备执行任务的时间间隔，P 表示 $t_m < t_d$ 的概率。因此，提高测试性设计水平就可以提高装备的战备完好率。

（3）任务成功性要求分析

采用 P_{ms} 衡量装备的任务成功率。

在装备研制阶段提出测试性要求，并对其开展测试性设计，提高导弹的测试性水平，进而提高装备的任务成功率。

5. 功能结构要求分析

主要考虑以下四个方面的因素对装备测试性需求的影响：

① 明确装备系统功能，根据不同功能的需求制定检测诊断的方案。

② 测试设置与系统结构有关，装备在研制阶段需要合理规划空间结构。

③ 弹内结构限制了 BIT 硬件的体积和重量，如果测试点过少，可能达不到系统诊断要求。

④ 测试设备需要满足装备性能检测及故障隔离要求，其对重量体积也有相应

要求。

6．技术约束要求分析

（1）可利用技术分析

针对装备测试可采用的技术：嵌入式模块检测技术、BIT 技术、总线技术等。在对装备开展测试性设计时，应权衡分析现有可利用技术，并有效利用。

（2）可达技术分析

可达技术要求较高的可行性以及较低的费用和风险。在考虑测试性指标要求时，首先判断已有技术能否满足测试性要求。

（3）相似装备测试性分析

新研装备所采用的技术往往具有很强的继承性，例如装备某些系统具有模块化和通用化的特点，可以为新研装备的测试性工作提供关键信息。

2.3　Petri 网理论基础及其应用

2.3.1　Petri 网理论基础

Petri 网可利用令牌在库所中流动这一特性，表征系统的状态发生改变，反映其运行过程[197,198]。

定义 2.1　$N = (P,T;F)\sum\limits_{i=1}^{n}$ 称为有向网[199,200]，N 需要满足以下条件：

① $P \cup T \neq \varnothing, P \cap T = \varnothing$；

② $F \subseteq (P \times T) \cup (T \times P)$；

③ $\mathrm{dom}(F) \cup \mathrm{cod}(F) = P \cup T$。

式中，P 为库所，T 为变迁，F 为流关系，$\mathrm{dom}(F) = \{x \mid \exists y:(x,y) \in F\}$ 为定义域，$\mathrm{cod}(F) = \{x \mid \exists y:(y,x) \in F\}$ 为值域。

定义 2.2　设 $x \in P \cup T$ 为 N 的任一元素，令 $^*x \in \{y \mid (y \in P \cup T) \wedge ((y,x) \in F)\}$ 和 $x^* \in \{y \mid (y \in P \cup T) \wedge ((x,y) \in F)\}$，称 $^*x$ 和 x^* 分别为 x 的前置集和后置集[199]。

定义 2.3　满足下列条件的四元式 $\mathrm{PN} = (P,T;F,M_0)$ 构成 Petri 网，$P = \{P_1,P_2,\cdots,P_n\}$ 为库所集合，$T = \{T_1,T_2,\cdots,T_m\}$ 为有限变迁集合，F 为向弧的集合，$F \subseteq (P \times T) \cup (T \times P)$，$\times$ 为笛卡儿积，M_0 为初始标识：

① N 为基本网；

② $M:P \rightarrow Z$ 为系统标识，Z 为自然数；

③ 点火规则和引发规则：

a. 变迁 $t \in T$，若 $\forall P \in t^*, M(P) \geqslant 1$，则称变迁 t 可被触发，记作 $M[t>$；

b. 若 M' 为触发后的标识,则

$$M'(P) = \begin{cases} M(P) + 1, & p \in t^* - {}^*t \\ M(P) - 1, & p \in {}^*t - t^* \\ M(P), & \text{其他} \end{cases} \quad (2.4)$$

记作 $M[t>M'$,M 可用 m 维向量表示(其元素为非负整数),向量元素满足 $M(i) = M(P_i), i = 1, 2, \cdots, m$。

表 2.1 中为 Petri 网元素的图形化表示。

表 2.1 Petri 网元素的图形化表示

元 素	符 号	基本含义
库所	○	系统的状态、资源或条件
变迁	▮	改变系统状态的事件
令牌	●	系统中拥有资源的数量
有向弧	→	系统状态与事件间的因果关系

定义 2.3 为基本网系统,按照抽象程度不同分为以下三类:基本网系统、P/T 系统和高级网系统[199,201]。高级网系统还没有一致的定义[199],但都是由基本网转变而来的,例如随机 Petri 网[202]、故障 Petri 网[203] 以及引入模糊数学理论的模糊故障 Petri 网[204,205] 等。后续研究中将以基本网为着手点,对基于 Petri 网的测试性需求模型和测试性模型开展研究。

可达性是 Petri 网建模过程中分析的重要方式[199,200]。

定义 2.4 Petri 网 PN $= (P, T; F, M_0)$,若 $\exists M_1, M_2, \cdots, M_k$,使得 $\forall 1 \leqslant i \leqslant k$,$\exists t_i \in T : [t_i > M_{i+1}$,则称变迁序列 $\sigma = t_1, t_2, \cdots, t_k$ 在 M_1 下是使能的,M_{k+1} 从 M_1 是可达的,记作 $M_1[\sigma > M_{k+1}$。

图 2.5 所示为一个简单的 Petri 网系统,以该图为例进行分析说明。$M_0 =$

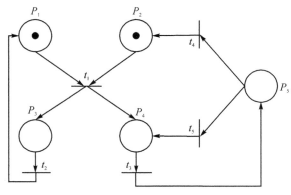

图 2.5 一个简单的 Petri 网

$[1\ 1\ 0\ 0\ 0]^{\mathrm{T}}$；$t_1$ 的前置集 $^*t_1 = \{P_1, P_2\}$，P_4 的前置集 $^*P_4 = \{t_1\}$；若 $\forall P \in {}^*t_1$：$M_0(P) \geqslant 1$，则 $M_0[t_1\!>$，记作 $M_0[t_1\!>M_1$。图 2.6 为 Petri 网的状态可达图。

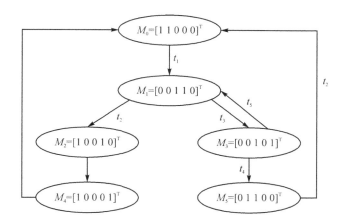

图 2.6　Petri 网状态可达图

2.3.2　Petri 网在系统评估中的应用

目前可对装备进行建模并有效描述故障传播过程的 Petri 网可分为两类：故障 Petri 网[205]和随机 Petri 网[202]。本节对两种 Petri 网进行细致分析，为后续基于 Petri 网的测试性需求建模和测试性建模研究奠定理论基础。

1. 故障 Petri 网

故障 Petri 网与基本 Petri 网的元素表达方式相同，但故障 Petri 网元素的含义发生了改变，并加入了故障之间的因果关系。库所表示元件的属性和状态，令牌的有无表示库所状态的改变，变迁表示令牌流动的依据，有向弧表征故障的传播方向。故障 Petri 网建模步骤如下：

① 根据故障树找出故障间的联系[197]，包括逻辑关系和两种产生式规则等关系，在 Petri 中通过库所和变迁表示。

产生式规则包括两种基本类型：

类型 1：IF p_1 AND p_2 AND…AND p_n THEN p_k；

类型 2：IF p_1 OR p_2 OR…OR p_n THEN p_k。

其中，$p_1, p_2, \cdots, p_n$ 为故障原因；p_k 为故障结果。图 2.7 给出了典型逻辑对应的 Petri 网表示形式，图 2.8 为两种产生式在 Petri 网中的表达形式。

② 通过上述基本规则衍生出其他逻辑关系，如异或、表决等，这样就可以把具有复杂逻辑关系的故障树或基于某种复杂规则的系统转换为故障 Petri 网模型。

根据故障 Petri 网得到关联矩阵[197,206]可以计算出最小割集，然后可以对系统的

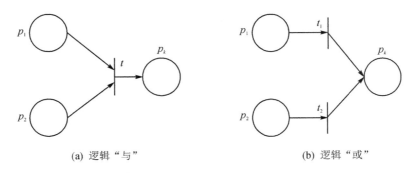

(a) 逻辑"与"　　　　　　　　　　(b) 逻辑"或"

图 2.7　典型逻辑关系的 Petri 网

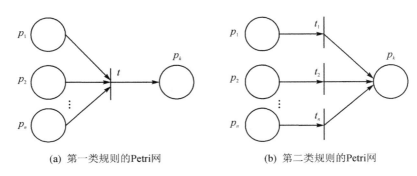

(a) 第一类规则的Petri网　　　　　　(b) 第二类规则的Petri网

图 2.8　两类产生式规则对应的 Petri 网

各项指标进行解算。在故障 Petri 网中添加不确定性信息,衍生出模糊故障 Petri 网[207](简称模糊 Petri 网)。模糊 Petri 网与故障 Petri 网的不同之处是在 if-then 关系基础上附加了一个可信度[204]。对应前面所述规则,模糊 Petri 网规则如下:

类型 1:IF p_1 AND p_2 AND⋯AND p_n THEN p_k(CF$=\mu$),$\alpha(p_1)$,$\alpha(p_2)$,⋯,$\alpha(p_n)$,$\alpha(p_k)$,$\alpha(p_k)=f(\alpha(p_1),\alpha(p_2),\cdots,\alpha(p_n),F(t))$;

类型 2:IF p_1 OR p_2 OR⋯OR p_n THEN p_k(CF$=\mu$),$\alpha(p_1)$,$\alpha(p_2)$,⋯,$\alpha(p_n)$,$\alpha(p_k)$,$\alpha(p_k)=f(\alpha(p_1),\alpha(p_2),\cdots,\alpha(p_n),F(t_1),F(t_2),\cdots,F(t_n))$。

其中,p_1,p_2,⋯,p_n 为原因;p_k 为结果;$\alpha(p_1)$,$\alpha(p_2)$,⋯,$\alpha(p_n)$,$\alpha(p_k)$为原因和结果的概率;μ 为规则的置信度。

模糊产生式规则对应的 Petri 网表示方法如图 2.9 所示。

2. 随机 Petri 网

为解决复杂动态系统性能评估,随机 Petri 网(stochastic Petri nets,SPN)被提出[201]。SPN 的状态可达图与马尔可夫链(Markov chain,MC)同构的条件是变迁服从指数分布,满足该条件可以根据 MC 的数学方程对模型进行分析[200]。图 2.10 为一个 2/3 表决门对应的 SPN 及其同构 MC 模型。

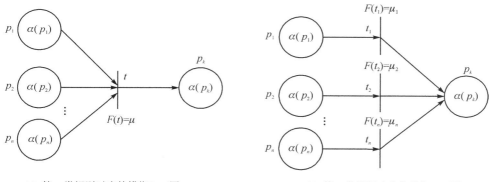

(a) 第一类规则对应的模糊Petri网   (b) 第二类规则对应的模糊Petri网

图 2.9 模糊产生式规则对应的 Petri 网表示方法

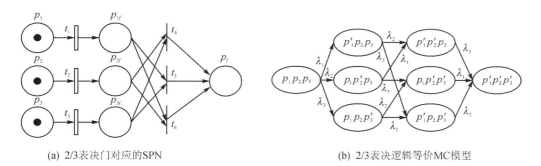

(a) 2/3表决门对应的SPN   (b) 2/3表决逻辑等价MC模型

图 2.10 表决门对应的 SPN 及其等价 MC 模型

3. GSPN

GSPN 是 SPN 的扩展,引入零延时变迁而得到,零延时变迁也称为瞬时变迁。GSPN 定义为:GSPN$=(P,T,I,O,H,M_0,W,\lambda)$,其中 P 表示库所,T 表示变迁,I 表示输入弧,O 表示输出弧,H 表示禁止弧,M_0 为初始标识,W 表示弧权函数,λ 表示变迁的实施速率。GSPN 的各元素含义如表 2.2 所列。

表 2.2 GSPN 模型元素的基本含义

元素组成	符号	基本含义
库所	○	系统的状态
瞬时变迁	▮	事件发生的概率
延时变迁	▯	事件发生的速率
令牌	●	库所出现令牌,表示该状态发生
有项弧	→	令牌流动的方向
禁止弧	—○	当禁止弧出现时,库所满足变迁条件会被禁止

图 2.11 所示为 n 个元件串联的 GSPN 模型，p_i. on 和 p_i. ft 表示元件 i($i=1$，$2,\cdots,n$)的正常和故障状态；p_s. on 和 p_s. ft 表示装备处于正常和故障状态；延时变迁 t_{2n-1} 表示故障发生，变迁 t_{2n} 表示故障修复；变迁 $t_0,t_{2n+1},\cdots,t_{3n},t_{3n+1}$ 为导致系统状态改变的原因；模型中的小圆白点为禁止弧。

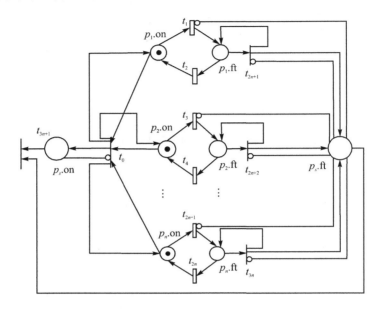

图 2.11　串联系统的 GSPN 模型

系统正常，p_i. on 中存在令牌，变迁 $t_0,t_1,t_3,\cdots,t_{2n-1}$ 使能，t_0 立即激发，向 p_s. on 中移入令牌时，当 p_s. on 中存在令牌，由于禁止弧的存在，t_0 被禁止。系统运行一段时间后元件 1 的可靠性降低，出现故障，t_1 激发，p_1. on 中的令牌流向 p_1. ft，此时变迁 t_2、t_{2n+1} 使能。t_{2n+1} 立即激发，p_1. ft 中的令牌流向 p_s. ft，p_s. on 和 p_s. ft 同时存在令牌使 t_{3n+1} 立即激发，它们中的令牌被移走。变迁 t_{2n+1} 再次激发，p_s. ft 中移入令牌。变迁 $t_{2n+1},t_{2n+2},\cdots,t_{3n}$ 以及 $t_1,t_3,\cdots,t_{2n-1}$ 被禁止弧禁止。经过维修，元件 1 恢复正常，t_2 激发，p_1. ft 中的令牌流入 p_1. on 后，p_i. on 中都存在令牌，t_0 激发，p_s. on 中出现令牌，p_s. ft 中的令牌被移走，系统又恢复正常。

图 2.12 所示为并联系统模型，并联模型取消了系统到子系统的禁止弧，当所有子系统都发生故障时，才会导致系统发生故障，其运行过程不再赘述。

4. Petri 网的应用总结

故障 Petri 网侧重于故障原因对故障结果的影响，属于静态逻辑，没有时间概念；随机 Petri 网的变迁可以赋予时间概念，能够描述故障的产生和修复一系列动态行为。两者的相同特征为：

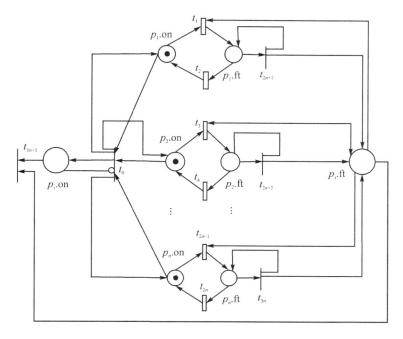

图 2.12　并联系统的 GSPN 模型

① 库所中令牌的有无表示系统状态的发生与否,每个库所表示系统的唯一状态或者一种故障模式;

② 当满足变迁条件时,令牌会进行流动,清晰地表述了故障传播过程。

2.4　基于 Petri 网的测试性指标确定与分配

本节将系统可用度要求、可靠度和维修保障等因素融入 GSPN 中,构建装备系统层的测试性需求分析模型,进而确定测试性指标。通过故障检测时间将故障检测和隔离时间引入模型中。

故障检测时间(fault detection time,FDT)用 t_D 表示,故障隔离时间(fault isolation time,FIT)用 t_I 表示,若 t_D 和 t_I 服从指数分布,记 $\eta_D = 1/t_D$,$\eta_I = 1/t_I$,则 η_D 和 η_I 为系统的故障检测速率和故障隔离速率。

2.4.1　导弹系统级测试性需求建模

装备的测试性需求因素如下:

① 导弹通电后正常运行;

② 系统故障率 $\lambda = 1/\theta$;

③ 采用自动测试设备和 BIT 对装备进行故障检测和隔离,故障检测率和故障隔离率须满足规定要求;

④ 系统包含精确、模糊及强制性维修三种模式,维修时间服从指数分布,参数 α_1、α_2 和 α_3 为维修时间对应的修复率;

⑤ 系统的可用度要求为 A_0。

某导弹的故障检测-维修过程的 GSPN 模型如图 2.13 所示。

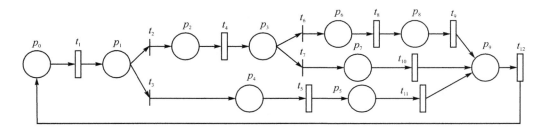

图 2.13 某导弹的故障检测-维修过程的 GSPN 模型

模型中元素的具体含义如表 2.3 所列。

表 2.3 模型中元素的具体含义

库 所	含 义	变 迁	含 义	速率或概率
p_0	导弹正常	t_1	系统从正常到故障	λ
p_1	导弹处于故障状态	t_2	BIT 能检测故障	γ_{FD}
p_2	导弹检测状态	t_3	BIT 不能检测故障	$1-\gamma_{FD}$
p_3	BIT 检测结束	t_4	BIT 检测速率	η_D
p_4	故障待 ATE 检测状态	t_5	ATE 检测速率	η_{ATE}
p_5	故障待修复	t_6	故障可以隔离到 LRU	γ_{FI}
p_6	故障隔离到 LRU	t_7	故障无法隔离到 LRU	$1-\gamma_{FI}$
p_7	故障待修复	t_8	故障隔离	η_I
p_8	故障待修复	t_9	精确维修	α_1
p_9	故障修复结束	t_{10}	模糊维修	α_2
		t_{11}	强制维修	α_3
		t_{12}	校准检验	α_4

根据图 2.13 得到该过程的状态可达图,如图 2.14 所示。

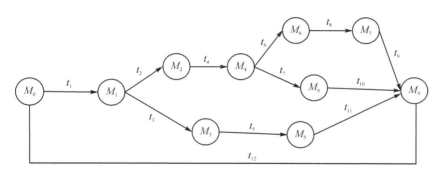

图 2.14　装备的故障检测-维修过程的状态可达图

2.4.2　模型求解及测试性指标确定

求解 GSPN 模型的基本思路:由于模型的可达图同构于嵌入马尔可夫链(embed Markov chain,EMC),只须采用 EMC 的数学方程对 GSPN 求解即可。设 GSPN 的状态空间为 S,S 包括实存状态集和消失状态集合两部分,这里采用数学集合 T 和 V 表示。

GSPN 相应的转移矩阵可化为

$$U = A + B = \begin{bmatrix} X^{VV} & X^{VT} \\ 0 & 0 \end{bmatrix} + \begin{bmatrix} 0 & 0 \\ X^{TV} & X^{TT} \end{bmatrix} \tag{2.5}$$

式中,矩阵 A 的元素由两部分组成,X^{VV} 是由 V 中库所向 V 中库所的转移率,X^{VT} 是 V 中库所向 T 中库所的转移率;矩阵 B 的元素也由两部分组成,X^{TV} 是 T 中库所向 V 中库所的转移率,X^{TT} 是 T 中库所向 T 中库所的转移率。

定义 2.5　将状态空间 S 中的消失状态 V 剔除,只保留实存状态 T,那么剩下的实存状态 T 构成一个压缩的 EMC(reduce EMC,REMC)。

实存状态 T 的转移矩阵为

$$U' = X^{TT} + X^{TV}(I - X^{VV})^{-1}X^{VT} \tag{2.6}$$

REMC 的状态转移矩阵 Q 由 U' 得到,矩阵 Q 中的元素 Q_{ij} 为

$$Q_{ij} = \begin{cases} U'_{ij}, & i \neq j \\ -\sum_{k \in T, k \neq i} U'_{ik}, & i = j \end{cases} \tag{2.7}$$

设 $\boldsymbol{\pi} = [\pi_1, \pi_2, \cdots, \pi_k, \cdots]$ 为系统状态 T 的概率,则其满足:

$$\boldsymbol{\pi}Q = 0 \wedge \sum_{k \in T} \pi_k = 1 \tag{2.8}$$

通过求解式(2.8)可求得系统 REMC 的概率解。

根据上述理论,对图 2.13 所示的模型进行求解,过程如下:

① $\{M_0, M_1, \cdots, M_9\}$ 为模型的可达标识集合。其中,$\{M_1, M_4\}$ 为消失状态集,

$\{M_0, M_2, M_3, M_5, M_6, M_7, M_8, M_9\}$ 为实存状态集。根据状态集可得到状态可达图,如图 2.14 所示。

② 系统状态 T 的转移矩阵为

$$
U' = \begin{bmatrix}
0 & \lambda\gamma_{FD} & \lambda(1-\gamma_{FD}) & 0 & 0 & 0 & 0 & 0 \\
0 & 0 & 0 & 0 & \eta_D\gamma_{FI} & 0 & \eta_D(1-\gamma_{FI}) & 0 \\
0 & 0 & 0 & \eta_{ATE} & 0 & 0 & 0 & 0 \\
0 & 0 & 0 & 0 & 0 & 0 & 0 & \alpha_3 \\
0 & 0 & 0 & 0 & 0 & \eta_I & 0 & 0 \\
0 & 0 & 0 & 0 & 0 & 0 & 0 & \alpha_1 \\
0 & 0 & 0 & 0 & 0 & 0 & 0 & \alpha_2 \\
\alpha_4 & 0 & 0 & 0 & 0 & 0 & 0 & 0
\end{bmatrix} \tag{2.9}
$$

③ 求出 Q,即

$$
Q = \begin{bmatrix}
-\lambda & \lambda\gamma_{FD} & \lambda(1-\gamma_{FD}) & 0 & 0 & 0 & 0 & 0 \\
0 & -\eta_D & 0 & 0 & \eta_D\gamma_{FI} & 0 & \eta_D(1-\gamma_{FI}) & 0 \\
0 & 0 & -\eta_{ATE} & \eta_{ATE} & 0 & 0 & 0 & 0 \\
0 & 0 & 0 & 0 & -\alpha_3 & 0 & 0 & \alpha_3 \\
0 & 0 & 0 & 0 & -\eta_I & \eta_I & 0 & 0 \\
0 & 0 & 0 & 0 & 0 & -\alpha_1 & 0 & \alpha_1 \\
0 & 0 & 0 & 0 & 0 & 0 & -\alpha_2 & \alpha_2 \\
\alpha_4 & 0 & 0 & 0 & 0 & 0 & 0 & -\alpha_4
\end{bmatrix}
$$
$$\tag{2.10}$$

④ 根据式(2.8)所给出的方程求出 π_0,π_0 即为 A_0:

$$
A_0 = \left(1 + \frac{\lambda}{\alpha_4} + \lambda\gamma_{FD}\left(\frac{1}{\eta_D} + \frac{\gamma_{FI}}{\eta_I} + \frac{\gamma_{FI}}{\alpha_1} + \frac{1-\gamma_{FI}}{\alpha_2}\right) + \right.
$$
$$
\left. \lambda(1-\gamma_{FD})\left(\frac{1}{\eta_{ATE}} + \frac{1}{\alpha_3}\right)\right)^{-1} \tag{2.11}
$$

2.4.3 测试性参数与性能分析

① γ_{FD}、γ_{FI} 和 A_0 之间关系分析如下。

可用度对故障检测率求导:

$$
\frac{\partial A_0}{\partial \gamma_{FD}} = \left(\lambda\left(\frac{1}{\eta_D} + \frac{\gamma_{FI}}{\eta_I} + \frac{\gamma_{FI}}{\alpha_1} + \frac{1-\gamma_{FI}}{\alpha_2}\right) - \lambda\left(\frac{1}{\eta_{ATE}} + \frac{1}{\alpha_3}\right)\right) \cdot
$$
$$
\left(1 + \frac{\lambda}{\alpha_4} + \lambda\gamma_{FD}\left(\frac{1}{\eta_D} + \frac{\gamma_{FI}}{\eta_I} + \frac{\gamma_{FI}}{\alpha_1} + \frac{1-\gamma_{FI}}{\alpha_2}\right) + \right.
$$

$$\lambda\,(1-\gamma_{\mathrm{FD}})\Big(\frac{1}{\eta_{\mathrm{ATE}}}+\frac{1}{\alpha_3}\Big)\Big)\Big)^{-2} \tag{2.12}$$

可用度对故障隔离率求导：

$$\frac{\partial A_0}{\partial \gamma_{\mathrm{FI}}}=\Big(\lambda\gamma_{\mathrm{ED}}\Big(\frac{1}{\eta_1}+\frac{1}{\alpha_1}-\frac{1}{\alpha_2}\Big)\Big)\cdot$$

$$\Big(1+\frac{\lambda}{\alpha_4}+\lambda\gamma_{\mathrm{FD}}\Big(\frac{1}{\eta_{\mathrm{D}}}+\frac{\gamma_{\mathrm{FI}}}{\eta_1}+\frac{\gamma_{\mathrm{FI}}}{\alpha_1}+\frac{1-\gamma_{\mathrm{FI}}}{\alpha_2}\Big)+$$

$$\lambda\,(1-\gamma_{\mathrm{FD}})\Big(\frac{1}{\eta_{\mathrm{ATE}}}+\frac{1}{\alpha_3}\Big)\Big)^{-2} \tag{2.13}$$

当 BIT 能够检测故障时，ATE 尚未被使用，默认其检测率为 100%。式(2.12)与式(2.13)相除得到

$$\Big(\frac{\partial A_0}{\partial \gamma_{\mathrm{FD}}}\Big)\Big/\Big(\frac{\partial A_0}{\partial \gamma_{\mathrm{FI}}}\Big)=\left[\left(\frac{\frac{1}{\eta_1}-\frac{1}{\alpha_3}}{\frac{1}{\alpha_1}-\frac{1}{\alpha_2}}\right)+\gamma_{\mathrm{FI}}\right]\Big/\gamma_{\mathrm{FD}} \tag{2.14}$$

一般 $\alpha_1>\alpha_2>\alpha_3$，当 $\eta_1>\alpha_1$ 时，$\Big(\frac{1}{\eta_1}-\frac{1}{\alpha_3}\Big)\Big/\Big(\frac{1}{\alpha_1}-\frac{1}{\alpha_2}\Big)>1$。$\gamma_{\mathrm{FD}}$、$\gamma_{\mathrm{FI}}\in[0,1]$，有 $\Big(\frac{\partial A_0}{\partial \gamma_{\mathrm{FD}}}\Big)\Big/\Big(\frac{\partial A_0}{\partial \gamma_{\mathrm{FI}}}\Big)>1$，当 $\eta_1\gg\alpha_3$，或 γ_{FD} 相对较小时，$\Big(\frac{\partial A_0}{\partial \gamma_{\mathrm{FD}}}\Big)\Big/\Big(\frac{\partial A_0}{\partial \gamma_{\mathrm{FI}}}\Big)\gg1$，$\gamma_{\mathrm{FD}}$ 对可用度的影响至关重要。

② 导弹维修过程中，用平均修复时间和平均故障时间间隔评估 A_0，平均修复时间和平均故障时间间隔分别用 T_{TR} 和 T_{BF} 表示，A_0 与 T_{TR} 和 T_{BF} 的关系为

$$A_0=\frac{T_{\mathrm{BF}}}{T_{\mathrm{BF}}+T_{\mathrm{TR}}} \tag{2.15}$$

通过式(2.11)和式(2.15)，得出 T_{TR} 与测试性指标之间的关系为

$$T_{\mathrm{TR}}=\frac{1}{\alpha_4}+(1-\gamma_{\mathrm{FD}})\Big(\frac{1}{\eta_{\mathrm{ATE}}}+\frac{1}{\alpha_3}\Big)+\gamma_{\mathrm{FD}}\Big(\frac{1}{\eta_{\mathrm{D}}}+\frac{\gamma_{\mathrm{FI}}}{\eta_1}+\frac{\gamma_{\mathrm{FI}}}{\alpha_1}+\frac{1-\gamma_{\mathrm{FI}}}{\alpha_2}\Big) \tag{2.16}$$

2.4.4　案例分析与验证

图 2.13 所示为某导弹的 GSPN 模型，表示故障检测和维修过程，假设 t_{D} 和 t_{I} 相等。经查阅资料，导弹的故障率为 0.001 h^{-1}，其他与维修相关的指标分别为精确维修时间 1 h($\mu_1=1$ h^{-1})、模糊维修时间 2 h($\mu_2=1/2$ h^{-1})、强制性维修时间 1 h($\mu_3=1$ h^{-1})、检测校准时间 10 min($\mu_4=6$ h^{-1})。设装备系统可用度为 A_0，并要求 $A_0\geqslant0.90$，$T_{\mathrm{TR}}\leqslant1.35$ h，FDR 不低于 0.90，FIR 不低于 0.90。根据上述条件对导弹系统测试性指标进行求解。

为方便论述,用 FDR_{rate}、FIR_{rate}、ATE_{rate} 分别表示故障检测速率、故障隔离速率以及 ATE 检测速率,它们对应模型中的参数为 η_D、η_I 和 η_{ATE}。

首先将上述参数代入式(2.11)及式(2.15),以 FDR_{rate}、FIR_{rate}、ATE_{rate} 为变量,通过改变 FDR 参数(为 0.80、0.85、0.90、0.95,这里 FIR 与之相同),获得 FDR_{rate}、FIR_{rate}、ATE_{rate} 与可用度 A_0 和 MTTR 之间的关系,如图 2.15 所示。

图 2.15 中(a)和(c)所示曲线呈现出相同的变化趋势,T_{TR} 随着 FDR_{rate} 和 FIR_{rate} 的不断增大而逐渐减小;从图 2.15(b)和(d)可以看出,可用度 A_0 的变化趋势与 T_{TR} 相反。当 FDR_{rate} 和 FIR_{rate} 增大到 12 左右时,MTTR 和可用度 A_0 变化趋势不明显,此时趋于稳定状态,增大速率对于降低 T_{TR} 和提高 A_0 无实际意义,对检测设备要求更高,实现成本也会相应提高。

综上分析,故障检测速率 $\eta_D \geq 12$,η_I 与其相同,满足 $\eta_I \geq 12$。为简化计算过程,将故障检测速率设为 $\eta_D = 12$,平均故障检测时间合理值为 1 h/12=5 min,平均故障隔离时间与之相同。

从图 2.15(e)中可以得出结论:T_{TR} 曲线的变化趋势是随着 ATE_{rate} 的增大而减小的,在图 2.15(f)中 A_0 的变化趋势与 MTTR 相反。当 $\eta_{ATE} > 1$ 时,随着 ATE_{rate} 的增大,T_{TR} 和可用度 A_0 几乎没有发生明显变化,说明此时 ATE_{rate} 对 T_{TR} 与稳态可用度 A_0 影响很小,考虑检测过程中 ATE 具有很多不确定因素,取 $\eta_{ATE} = 1$,即 ATE 检测隔离时间为 1h。

将 η_D、η_I 和 η_{ATE} 代入式(2.11)和式(2.16),分析 FDR 和 FIR 这两个测试性指标与 A_0 和 T_{TR} 之间的关系,如图 2.16 所示。

根据工程实例中的约束条件:$A_0 \geq 0.90$,$T_{TR} \leq 1.35$ h,FDR 和 FIR 不低于 0.90。从图 2.16(a)中可以看出,当 FIR 为 0.95 时,FDR 在不低于 0.86 时满足 T_{TR} 的要求,此外还需要保证 FDR ≥ 0.90;当 FIR 为 0.90 时,FDR 不能低于 0.91;当 FIR 为 0.85 或 0.80 时,不满足导弹指标约束条件。综上分析,FDR 处于区间 [0.91,0.96] 最为合适。图 2.16(b)中,当 FIR 为 0.95 时,FDR 在不低于 0.85 时满足 A_0 的要求,此外还需要保证 FDR ≥ 0.90;当 FIR 为 0.90 时,FDR 在不低于 0.89 时满足 A_0 的要求,同样需要保证 FDR ≥ 0.90;当 FIR 为 0.85 或 0.80 时,不满足导弹指标约束条件。综上分析,FDR 处于区间 [0.91,0.95] 最为合适。

在对导弹进行测试时,如果出现不能隔离的故障就无法对故障精确定位,这样会严重影响任务的成功率,甚至导致任务失败,因此对 FIR 有严格要求。根据前面导弹测试性指标约束,还要同时满足 A_0 和 T_{TR} 的要求,综合以上分析,给出导弹测试性指标的区间范围:FDR 为 [0.91,0.95],FIR 为 [0.90,0.95]。

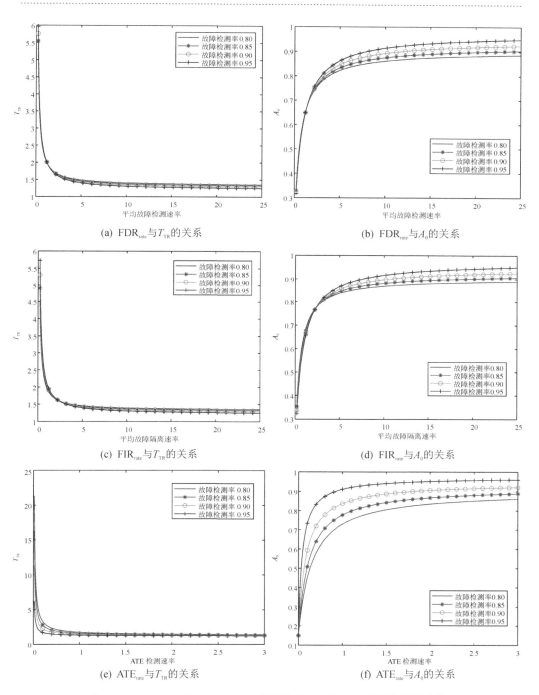

(a)　FDR$_{rate}$ 与 T_{TR} 的关系

(b)　FDR$_{rate}$ 与 A_0 的关系

(c)　FIR$_{rate}$ 与 T_{TR} 的关系

(d)　FIR$_{rate}$ 与 A_0 的关系

(e)　ATE$_{rate}$ 与 T_{TR} 的关系

(f)　ATE$_{rate}$ 与 A_0 的关系

图 2.15　FDR$_{rate}$、FIR$_{rate}$、ATE$_{rate}$ 与可用度 A_0 和 T_{TR} 之间的关系曲线

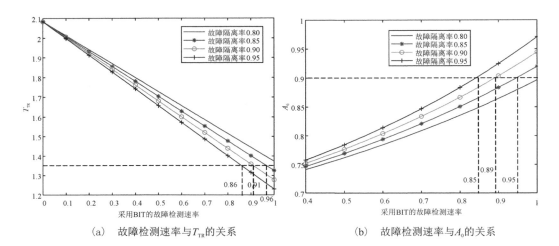

（a）故障检测速率与T_{TR}的关系　　　（b）故障检测速率与A_0的关系

图 2.16　FDR 和 FIR 与 A_0 和 T_{TR} 的关系曲线

第 3 章　测试性建模技术

3.1　概　述

　　测试性模型是评估系统测试难易程度的模型[209],是实现测试性指标计算、进行测试性设计与分析的载体[210]。简而言之,测试性模型是开展测试性分析与优化设计的基础。目前已有的测试性建模方案一般认为测试是可靠的,这在实际中并不成立,但依然被广泛应用,主要原因是一般的测试性设计开展于装备设计研发阶段,先验知识匮乏,缺乏相关数据的支持,难以有效描述不确定的故障-测试关系。对于装备测试性建模工作来说,依靠试验与使用阶段的经验、数据,收集了一定的先验知识,且装备层次结构、元件组成与生产标准都有详细的资料,可以利用这些数据定量计算故障-测试的不确定关系。若将这些不确定信息融入模型之中,将大大提高模型精度,提高模型对实际情况的拟合程度。

　　因而针对装备的测试性建模与优化设计工作需要着重考虑故障-测试相关关系的不确定性,建立不可靠测试条件下的测试性模型,从建模阶段就开始考虑不可靠测试条件所带来的影响,以便后期做出针对性的优化。同时通过建立表征故障-测试不确定关系的测试性模型,也可以有效发挥装备先验知识丰富的优势。贝叶斯网络模型从模型结构上来看,仅利用先验知识与后验数据建立了某个系统或子系统单一层次的故障-测试关系。这种单一层次的建模方法对于该层次的故障-测试先验信息的数量与质量都提出了极高的要求,提供满足要求的先验知识来建立模型也存在一定困难,尤其是系统层次;而先验信息方面,由于综合测试所配置的测试项目并不合理,使得收集系统级的故障-测试数据十分困难。面对以上情况,如何建立装备层次化测试性模型成为十分棘手的问题。

　　对此,本章提出了一种层次贝叶斯网络模型,模型采用层次化的设计,通过自下而上的方式建立模型,利用低层次如子系统的相关信息弥补系统层次先验信息不足的缺陷,提高模型精度,通过分析装备清晰的功能信号传递、影响关系与 FMECA,确立各单元间的关联,进而建立整个系统的故障-测试关系,有效降低了装备系统层次建模的难度。且通过该模型可分别得到装备各个层次、各个单元的不确定相关性矩阵,利于其后的测试优化设计工作,弥补单元测试与综合测试相结合存在的缺陷。本章的研究思路如图 3.1 所示。

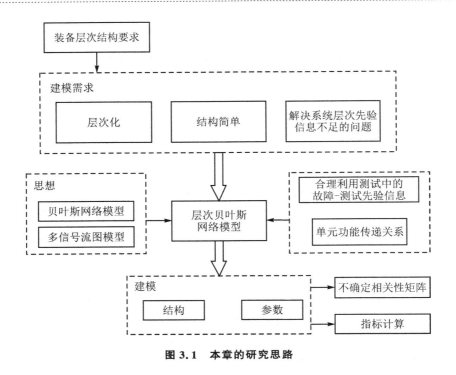

图 3.1   本章的研究思路

3.2   基于层次化贝叶斯网络的测试性建模方法

3.2.1   贝叶斯网络建模方法

1. 贝叶斯网络基本原理

贝叶斯网络是图论与概率论的结合,可以通过有向无环图的结构表达变量间的不确定相关关系。网络建立在贝叶斯方法基础之上,该方法提出之初的目的便是解决不确定性问题。对于一组变量 $X = \{X_1, X_2, \cdots, X_n\}$,其贝叶斯网络由两部分组成:

① 结构:表示变量之间相关关系的图形化结构 S;

② 参数:主要指节点中内含的条件概率表 P。

图形化表示贝叶斯网络,可将其分成节点 V、有向边 E、条件概率表 P 三部分,可用三元组 $<V, E, P>$ 表示。图 3.2 所示为一个最基础的贝叶斯网络,该网络建立了 A、B、C 三个变量间的相关关系。从图中可以看出,贝叶斯网络用三个节点表示了 A、B、C 三个变量,通过有向边 E 建立了三个变量间的相关关系。节点与有向边共同表示贝叶斯网络的结构。图 3.2 中,节点旁的条件概率表储存有节点间具体的条件概率关系,即贝叶斯网络的参数信息。

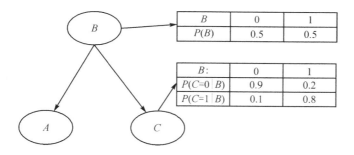

B	0	1
$P(B)$	0.5	0.5

B:	0	1
$P(C=0 \mid B)$	0.9	0.2
$P(C=1 \mid B)$	0.1	0.8

图 3.2　贝叶斯网络

贝叶斯网络的基础是贝叶斯规则,如式(3.1)所示:

$$P(B \mid A) = P(A,B)/P(A) = P(A \mid B)P(B)/P(A) \tag{3.1}$$

贝叶斯规则有两个重要性质:

① 独立性:在图 3.2 所示的例子中,若 B 状态已知,则 C 的知识无法改变 A 的概率,即

$$P(A \mid B) = P(A \mid B,C) \tag{3.2}$$

② 链式规则:若 $P(A,B,C)$ 是变量 A、B、C 的联合概率分布,则

$$P(A,B,C) = P(A \mid B,C)P(B \mid C)P(C) \tag{3.3}$$

将链式规则与独立性相结合,可以得到

$$P(A,B,C) = P(A \mid B)P(B \mid C)P(C) = P(A \mid B)P(C \mid B)P(B) \tag{3.4}$$

式(3.4)最右侧即是图 3.2 中贝叶斯网络建立联合概率分布的简洁表示,推广后可表示为

$$P(x) = P(x_1, x_2, \cdots, x_n) = \prod_{i=1}^{n} P(x_i \mid pa_i) \tag{3.5}$$

将贝叶斯网络运用在测试性建模之中,会带来许多好处:

① 贝叶斯方法使用概率表示所有形式的不确定性,这使得贝叶斯网络模型可以利用专家直接提供的或通过故障、测试样本集学习到的结构与参数来表征故障与测试间的不确定关系;

② 模型利用先验信息和后验样本数据来计算故障-测试的相关关系。通过对新的样本数据的学习,模型可将先验信息与后验样本数据进行融合,融合机制原理简述如下:

θ 未知,其先验分布为

$$\pi(\theta) = N(\mu_0, \sigma_0^2) \tag{3.6}$$

利用贝叶斯公式,计算出其后验分布为

$$h(\theta \mid \bar{x}_1) = N(\alpha_1, d_1^2) \tag{3.7}$$

$\bar{x}_1$ 可以理解为用于矫正先验分布的后验数据,即

$$\bar{x}_1 = \sum_{i=1}^{n} \frac{x_i}{n} \tag{3.8}$$

$$\alpha_1 = \frac{\dfrac{1}{\sigma_0^2}\mu_0 + \dfrac{n}{\sigma_1^2}\bar{x}_1}{\dfrac{1}{\sigma_0^2} + \dfrac{n}{\sigma_1^2}} \tag{3.9}$$

用后验 $h(\theta|x)$ 的数学期望 α_1 作为 θ 的估计值,有

$$E(\theta \mid \bar{x}_1) = \frac{\dfrac{1}{\sigma_0^2}\mu_0 + \dfrac{n}{\sigma_1^2}\bar{x}_1}{\dfrac{1}{\sigma_0^2} + \dfrac{n}{\sigma_1^2}} \tag{3.10}$$

可以看出,贝叶斯网络参数学习可将先验信息与后验样本数据进行融合,随着后验样本数据的增多,参数精度不断提高。利用该模型所拥有的信息融合能力可以实现模型结构或参数上的更新,使得模型拟合程度更高。

2. 模型结构

贝叶斯网络模型具备较好的不确定推理能力与多源信息融合能力。基于贝叶斯网络建立的测试性模型可由三元组<X,E,P>表示,其中:

X 为节点集,代表随机变量,在本章所建立的测试性模型中,主要用来表示故障模式、测试信息,因而节点主要分为两类:故障节点集 $F=\{f_1,f_2,\cdots,f_n\}$,其中 f_i 为故障节点,表征系统中的某个故障模式;测试节点集 $T=\{t_1,t_2,\cdots,t_m\}$,其中 t_j 为测试节点,表征系统中的某个测试。

E 为有向边集,其主要表示各个节点间的相关关系,大部分贝叶斯网络模型采用朴素贝叶斯网络,该网络主要关注故障-测试间的相关关系,所以有向边主要建立故障节点与测试节点间的联系,即主要连接故障节点与测试节点。

P 为条件概率表信息,其中储藏着节点以及节点与其父节点关系的不确定信息。贝叶斯网络模型如图 3.3 所示。

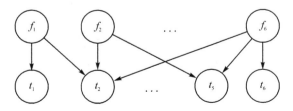

图 3.3　贝叶斯网络模型示意图

3. 模型参数

图 3.2 也可作为一个最简单的贝叶斯网络模型,A、C 表示测试,B 表示故障,已

知 A ,可通过以下公式求出测试 C 报警的概率:

$$P(C \mid A)=\int P(C,B \mid A)\mathrm{d}B=\int P(C \mid B)P(B \mid A)\mathrm{d}B \qquad (3.11)$$

其中 $P(C \mid B)$ 、$P(B \mid A)$ 分别是节点 C 与节点 B 的条件概率表信息,即模型参数信息。从上述推理过程中可以看出模型参数对于整个模型推理的意义。

　　与确立模型结构类似,模型参数的确定也有两种方式:手动计算与参数学习。手动计算即人工填写节点的条件概率表信息;参数学习是贝叶斯网络对样本数据进行学习,确立模型参数。常用的参数学习算法有最大似然估计法与贝叶斯方法,其中贝叶斯方法可以在原有分布的基础上更新参数信息,信息融合能力强。因而本节选择贝叶斯方法作为参数学习的方式,方法原理如下:

$$p(x \mid \boldsymbol{\theta}_s)=\prod_{i=1}^{n} p(x_i \mid pa_i,\boldsymbol{\theta}_s)=\prod_{i=1}^{n} p(x_i^k \mid pa_i^j,\boldsymbol{\theta}_i),$$
$$i=1,2,\cdots,n;j=1,2,\cdots,q_i;k=1,2,\cdots,r_i \qquad (3.12)$$

x 是以所有故障与信号为变量的联合概率分布;x_i 为单个变量的取值;pa_i 为 x_i 的父节点;$\boldsymbol{\theta}_i$ 是分布 $p(x_i \mid pa_i,\boldsymbol{\theta}_s,S^h)$ 的参数向量;$\boldsymbol{\theta}_s$ 为参数组 $(\boldsymbol{\theta}_1,\boldsymbol{\theta}_2,\cdots,\boldsymbol{\theta}_n)$ 的向量。

　　参数学习的实质就是给定样本集 $B=(B_1,B_2,\cdots,B_m)$ 计算 $p(\boldsymbol{\theta}_s \mid B)$ 。

$$p(\boldsymbol{\theta}_s \mid B)=\prod_{i=1}^{n} \prod_{j=1}^{q_i} p(\boldsymbol{\theta}_{ij} \mid B) \qquad (3.13)$$

$p(\boldsymbol{\theta}_{ij})$ 服从 Dirichlet 分布,则后验分布也服从 Dirichlet 分布:

$$p(\boldsymbol{\theta}_{ij} \mid B)=\mathrm{Dir}(\boldsymbol{\theta}_{ij} \mid \alpha_{ij1}+N_{ij1},\alpha_{ij2}+N_{ij2},\cdots,\alpha_{ijr_i}+N_{ijr_i}) \qquad (3.14)$$

$\boldsymbol{\theta}_s$ 计算完毕,式中 α_{ij1} 为先验超参数,N_{ij1} 为样本给予的超参数。该方法在 MATLAB FULLBNT 1.0.7 工具箱中有对应的函数。

4. 贝叶斯网络模型的建立

　　根据贝叶斯网络模型的建模手段与方式的不同,贝叶斯网络建模方法有图 3.4 所表示的几种:① 根据先验信息获得的故障-测试关系手动计算模型参数与结构;② 通过样本学习确立模型结构,根据先验知识手动计算节点参数;③ 根据先验信息手动确立模型结构,通过样本学习得到贝叶斯网络模型的参数;④ 根据样本数据进行参数学习与结构学习,确立模型的结构与参数。

　　第 1 种方法在建模过程中需要处理大量的重复性工作,工程量大,建模时间长,因此这种方法并不可取。第 2 种方法减少了确立模型结构所需要的时间,但仍然需要手动计算模型参数,由于大部分工作为计算模型参数,故工作量并没有明显减少,且模型结构学习有一定的缺陷,具体在后面试验中进行分析。第 3 种方法明显减少了根据先验信息与 PSPICE 仿真故障注入试验结果计算参数的时间,但模型结构需要手动确立。第 4 种方法计算时间理论上是最短的,但模型合理性存疑,具体在后面

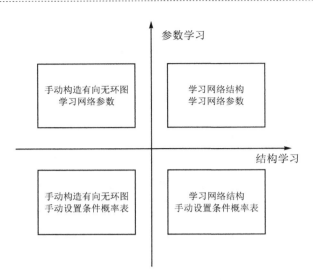

图3.4　贝叶斯网络模型建模方法

试验中进行分析。

　　贝叶斯网络结构学习与参数学习能够单独开展,可以通过结构学习与参数学习确立模型结构与参数的方法分别进行验证,本节选取高度测量设备的部分故障-测试样本数据手动建立了模型的结构,并得到了模型参数,随后从样本数据集中随机有放回地进行抽样,分别选择 50 个、100 个、2 000 个的样本集。

　　利用 MATLAB FULLBNT 1.0.7 工具箱,采用 K2 结构学习算法分别对三个样本集进行结构学习,得到的结果如图 3.5 所示。

　　根据结果可以看到样本数量对于结构学习有非常大的影响,数据量越大,得到正确结果的概率越高。但试验发现,结构学习会因为样本存在的微小差异而产生不同的结构,导致结果错误,经常会建立故障节点间的关联,但从数据中完全无法分析出此种联系。因此可以看到,贝叶斯网络结构学习对于样本数量与质量提出了极高的要求,且训练结果可靠性存疑。

　　利用 MATLAB FULLBNT 1.0.7 工具箱,在手动构建的无参数网络的基础上,分别对三个样本进行多次参数学习以确立模型参数,将结果记录在表 3.1 中。

表 3.1　部分节点参数

	$P(t_2|f_1)$	$P(t_3|f_4)$	$P(t_4|f_4)$
正常	0.979	0.98	0.987
50	0.72	0.88	0.8
500	0.968	0.961	0.975
2 000	0.975	0.985	0.984

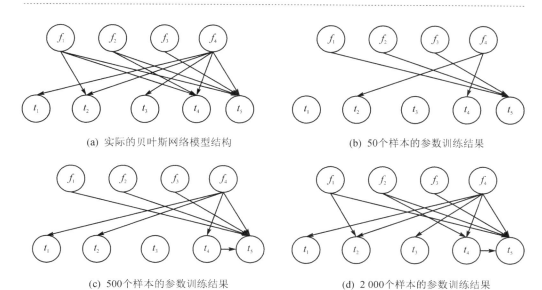

(a) 实际的贝叶斯网络模型结构　　　　　(b) 50个样本的参数训练结果

(c) 500个样本的参数训练结果　　　　　(d) 2 000个样本的参数训练结果

图 3.5　贝叶斯网络模型结构学习试验

　　对表中结果进行分析可得,参数精度与样本数量呈正相关关系,但即使是小样本情况,得到的参数误差也控制在 6% 以内,参数学习对于样本数量的要求不苛刻。

　　根据试验对 4 种方法进行对比,发现采用第 3 种方法可以在保证模型结构合理、参数精确的前提下,最大限度地降低建模难度。

3.2.2　层次贝叶斯网络模型

1. 层次化设计

　　本节的层次化设计总体依照装备层次结构确定,但会根据贝叶斯网络实际进行合并、调整。由于贝叶斯网络是目前处理不确定信息最有效的手段之一,对不确定信息具有独特的表达形式与处理能力,这是其他模型不具备的,故仍然选择以贝叶斯网络为主体,引入"信号"概念,按考虑六个建模需求的思路开展建模工作。层次化建模思路如图 3.6 所示。

　　图 3.6 描述的测试性模型建模思路解释如下:

　　① 直接确定高层次的故障-测试相关关系较为困难,尤其此信息具有一定的不确定性。提出将"信号"概念引入模型之中,以功能为纽带,通过故障与信号、信号与测试的相关关系确立故障与测试的联系;

　　② 不可靠测试条件下,故障、信号、测试存在可定量表示的参数信息,主要包含:故障、信号相关关系,不同故障会对模块不同功能产生不同程度的影响,不同功能所对应的信号不同,因而通过功能联系建立了故障、信号间的关联;信号、测试相关关系,这种关系是不确定性的,通过测试阈值理论或先验信息可定量计算信号与测试

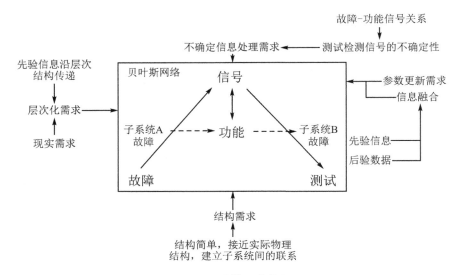

图 3.6　建模思路简图

的不确定关系。分析以上的故障、信号相关关系与信号、测试相关关系可定量计算出故障、测试不确定信息,建立不可靠测试条件下的模型;

③ 新模型结构简单,通过分析装备功能传递关系,确立不同子系统故障对其他子系统的影响,进而建立系统层次的故障-测试关系,这种功能传递关系实质就是信号传递,信号的引入使得模型结构接近实际物理结构,这样确立模型结构较为容易,降低了网络结构复杂度,弥补了装备系统层次先验信息不足而无法完成建模的缺陷;

④ 层次化需求决定模型必须考虑层次化信息,且层次化设计可提高对低层次先验信息的利用程度,解决高层次先验信息匮乏的问题;

⑤ 不可靠测试条件下先验信息相对匮乏,模型参数初始设置可信度较低,新模型以贝叶斯网络为基础,具备参数更新能力与信息融合能力,后期可通过对新数据的学习提高模型精度;

⑥ 应用贝叶斯网络推理,不确定信息计算准确。

沿着本小节提出的建模思路,本章在不可靠测试条件下开展层次化测试性建模工作,并介绍了该模型的结构与参数计算过程。模型可满足前文提出的建模需求,并可根据后期优化工作开展级别,生成相应层次、相应单元的故障-测试矩阵,为后期优化工作打下坚实基础。

2. 建模流程

依据前文建模需求的描述,提出一种层次贝叶斯网络模型,建模流程如图 3.7 所示。该模型通过改进解决了原有模型存在的问题,从层次化设计、模型结构、模型参数、测试性指标与相关性矩阵计算四个角度阐述了该模型的原理与建模过程。

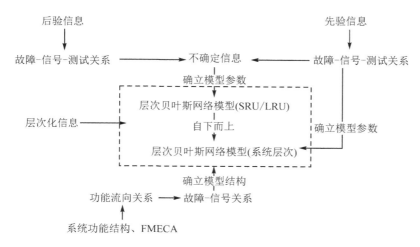

图 3.7　建模流程图

3. 模型结构

构建层次贝叶斯网络模型结构的核心思想为：以贝叶斯网络为基础，设立故障与信号、测试三类节点，利用不同层次间故障节点的连接表示故障纵向传递过程，利用信号节点指向故障节点的连接建立同层次不同单元间故障功能信号的传递，从而表征故障横向传递传播过程，利用故障节点指向信号或测试节点的连接建立故障、测试相关关系，采用层次化设计，自下而上地确定模型整体结构。

从核心思想中可以看出，层次贝叶斯网络模型是一种层次化模型，这样的结构设计在满足层次化设计需求的同时，带来了三方面的好处：① 模型网络结构方面，改变了传统贝叶斯网络建立系统级模型需要以最低层次组成单元为对象，经复杂的故障-测试关系分析而构造整个系统的模型结构的现状，降低了模型结构的复杂度；② 在模型的参数学习方面，仅需要知晓结构框图或功能框图，了解功能、信号传递关系，并不需要分析当前单元故障与其他单元测试的逻辑关系，便可以利用各子系统已有的故障-测试参数，建立整个系统的模型；③ 有效降低参数学习的复杂程度与所需的数据量，充分运用装备纵向、横向各节点蕴含的先验信息，低层次先验信息与后验数据较为丰富，可通过贝叶斯网络推理将信息传递给高层网络矫正高层次节点参数，解决高层次先验信息匮乏的问题。给出以下定义：

定义 3.1　单元：将每一层次的基本模块称为单元，记为 C_{xyz}。

下标 xyz：① $z=1,2,\cdots,n$，则模型具有 n 个层次。② x 表示单元与单元所属高一层次单元的联系，单元是一个层次化概念，低层次单元从属于高层次单元，如无线电收发组件单元属于高度设备单元。若单元 $C_{x_1y_1z}$ 是高层单元 $C_{x_2y_2z+1}$ 的组成部分，则 $x_1=y_2$。③ y 表示单元在所属高一层次单元的编号，若 $y=1,2,\cdots,m$，则所属的高一层次单元中包含 m 个低层次单元。这样便通过下标表示出当前单元所处的位置,并建立了与上层单元的联系。单元中含有故障节点、信号节点与测试节点。

定义 3.2 单元故障:某单元出现损坏。

根据故障发生类型的不同,单元故障可划分为单元内部故障与单元综合故障。

定义 3.3 单元内部故障:是指系统的组成单元内部发生的故障。

定义 3.4 单元综合故障:是指在系统综合过程中,由于单元间连接异常或功能异常所引起的故障,这种故障难以探寻低层次的故障原因。

由于装备的层次特性,低层次单元的单元故障是高层次单元的单元内部故障,这实质是故障纵向传递带来的故障映射关系,如图 3.8 所示。

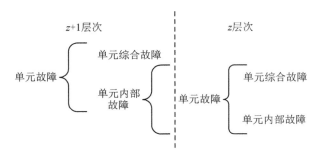

图 3.8 故障映射关系

定义 3.5 故障节点:一个单元中可能包含一个或多个单元故障,将这些故障以一个故障节点的形式综合表示在贝叶斯网络中,称为故障节点,记为 f^i_{xyz}。

f^i_{xyz} 是一种多值节点,值的数量由单元故障的数量确定。如一个单元有 3 种故障模式,则节点有 4 种状态,即 3 种故障状态与 1 种无故障状态。下标 xyz 表示该故障存在于单元 C_{xyz} 中。上标 $i=\mathrm{I},\mathrm{II},\mathrm{III}$,表示三种不同类型的故障节点。约定 F_1 为第一层的故障节点集,F_j 为第 j 层的故障节点集。故障节点 f^i_{xyz} 的物理含义为单元 C_{xyz} 中的故障。

定义 3.6 信号节点:单元中的部分故障(全局故障)会对单元功能造成严重影响,与功能相关联的一种或多种信号会出现异常,若故障可通过这些输出信号向外单元外扩散,则将这些信号以节点的形式表示在贝叶斯网络中,称为信号节点,记为 s^j_{xyz}。

下标 xyz 表示该信号在单元 C_{xyz} 中被检测,上标 j 表示功能信号的类型,若 $j=1,2,\cdots,l$,则该单元中存在 l 种功能信号。任一层中所有信号节点组成的集合称为信号节点集,记为 S_i。约定 S_1 为第一层的信号节点集,S_i 为第 i 层的信号节点集。信号节点 s^j_{xyz} 物理含义有两重,一为单元 C_{xyz} 中的功能信号 s^j,二是隐含着检测该功能信号的备选测试 t_k。备选测试指的是单元 C_{xyz} 测点处可设置检测信号 s^j 的测试,为检测功能的输出信号的测试,主要设置在每个功能信号的输出位置,当然最终是否在此处布置测试并不确定。针对这一特点,规定信号节点为四值节点,有通过(测试正常)、报警(测试正常)、漏检、虚警四种状态,节点的条件概率信息如表 3.2 所列(父节点为二值故障节点)。可见,信号节点 s_{xyz}^j 表示单元 C_{xyz} 的功能信号 s^j,又表示单元 C_{xyz} 测点处检测功能信号 s^j 的测试 t_k,每个信号节点处都隐含了一个测量该信号的备选测试,信号状态由该备选测试确定。以此方式建立信号与测试之间的联系,后文中计算故障、测试关系时可通过该模型利用故障、信号相关关系求解。

表 3.2　信号节点条件概率表

	父节点状态	正常	故障
信号节点状态	通过(测试正常)	0.997	0
	报警(测试正常)	0	0.97
	漏检	0	0.03
	虚警	0.003	0

定义 3.7　测试节点:单元中的故障会对单元功能造成影响,与功能相关联的一种或多种信号出现异常,若故障无法通过这些信号向外扩散,则将检测这些信号的测试以节点的形式表示在贝叶斯网络中,这些节点称为测试节点,记为 t_{xyz}^k。

下标 xyz 表示该测试位于单元 C_{xyz} 中,k 表示测试的编号,若 $k = 1, 2, \cdots, l$,则该单元中存在 l 个测试节点。任一层中所有测试节点组成的集合称为测试节点集,记为 T_i。测试节点的物理含义即为该单元中的备选测试 t_k。测试节点为二值节点,有通过与报警两种状态,节点的参数信息如表 3.3 所列。单元、故障节点、信号节点、测试节点的关系如图 3.9 所示。

表 3.3　测试节点条件概率表

	父节点状态	正常	故障
测试节点状态	通过	0.997	0.03
	报警	0.003	0.97

定义 3.8　相关性:是指某个实体与另一个实体之间的因果关系。

系统中有三类关系具有这种相关性:一是故障-测试关系,即故障节点与测试节点或信号节点的有向连接;二是信号传递关系,即故障横向传播关系,若单元 C_{xyz} 的故障信号 s_{xyz}^j 可传递至单元 C，导致该单元发生异常,对外表征为故障状态,则认为前后两个单元功能间有相关关系,

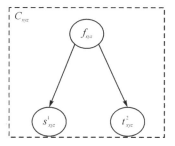

图 3.9　单元、故障节点、信号节点、测试节点关系图

功能信号具有传递关系;三是故障从属关系,或称为故障映射关系,表征故障纵向传播,低层单元的故障模式是高层单元的故障原因[84],z 层单元 C_{xyz} 属于 $z+1$ 层单元 $C_{\widehat{xx}(z+1)}$,如果低层单元 C_{xyz} 中发生故障,故障节点 f_{xyz} 处于某个故障状态,那么高层单元 $C_{\widehat{xx}(z+1)}$ 必然也发生故障,认为高低两层故障间有相关关系。故障纵向传递关系如图 3.10 所示。

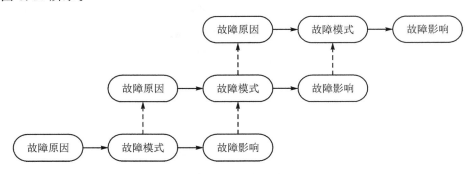

图 3.10   故障纵向传递关系

定义 3.9   一阶相关:是指直接的相关关系。

系统中故障模式所在的故障节点与信号节点或测试节点直接相连,且故障与所对应的测试条件概率大于 0.75,则称二者为一阶相关。图 3.9 中故障节点所表示的一部分故障模式与测试或信号节点隐含的测试之间为一阶相关关系。

定义 3.10 N 阶相关:是指间接的因果关系。

系统中若某故障节点依据故障横向传递关系,在网络中连接至信号节点或测试节点,若通过贝叶斯网络推理判断,故障节点中某个故障模式与信号或测试节点所表征的故障联系较强(条件概率关系大于 0.75),则称二者为 N 阶相关。

定义 3.11   输出信号/测试节点:若第 $z+1$ 层次的信号/测试节点与 z 层次某些信号/测试节点具有相同的物理含义,则将这些 z 层次信号/测试节点称为输出信号/测试节点。

G_β 表示模型的有向无环图结构,层次贝叶斯网络模型是一种层次化模型,因此从层内与层间两个方面介绍改进贝叶斯网络的结构特点。

(1)层   内

任一层的层内网络结构由故障节点、信号节点、测试节点、有向边四部分组成,可表示为 $G_\beta^{层内} = <F_i, S_i, T_i, E>$。

节点之间主要有两种连接方式,第一种为单元内部连接,即利用有向边直接连接故障节点与信号节点、故障节点与测试节点,这种连接方式通常发生在同一单元中,表征一阶相关关系。单元 C_{xyz} 中故障节点 f_{xyz} 通过有向边 E 连接同一单元中的信号节点与测试节点。故障节点与信号节点间的连接如图 3.9 所示。

第二种为单元间的连接，即信号节点到其他单元故障节点的连接，信号节点 s_{xyz}^i 与故障节点 f_{xy_1z} 在满足前提条件下连接，条件为：① 单元 C_{xyz} 的某个功能可以以信号节点 s_{xyz}^i 所表示的功能信号的形式沿传递路径对单元 C_{xy_1z} 的部分功能造成影响；② 信号节点所在单元 C_{xyz} 与 $C_{x\hat{y}z}$ 属于同一个上层单元 $C_{\hat{x}x(z+1)}$。此种连接如图 3.11 所示。

（2）层　　间

层间主要由故障节点集与层间的有向边集组成，可表示为 $G_\beta^{层间} = <F_i, E_->$。层间结构确立较为简单，上、下两个层次中，低层次单元 $C_{x_1y_1z_1}$ 中的故障节点与高层次单元 $C_{x_2y_2z_2}$ 中的单元内部故障节点在满足前提条件下通过层间有向边 E_- 连接。层间连接如图 3.12 所示。

至此完成层次贝叶斯网络模型的结构设计，从模型结构中可以看到，在考虑故障节点是多值节点的情况下，LRU 层和系统层构成的层次贝叶斯网络模型如图 3.13 所示。

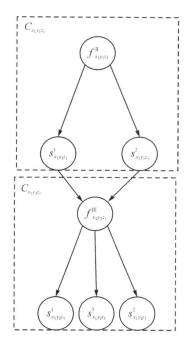

图 3.11　单元间的连接

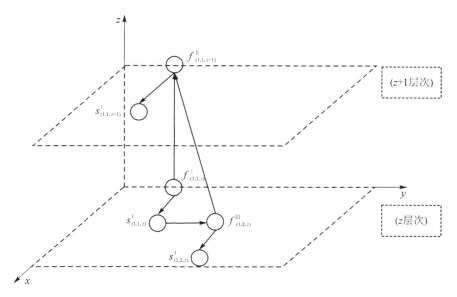

图 3.12　层间连接示意图

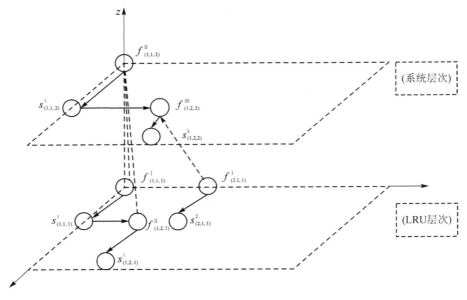

图 3.13　层次贝叶斯网络示意图

3.3　模型参数计算

3.3.1　模型信息来源

　　模型需要通过数据确定参数。贝叶斯网络模型具备较好的多源信息融合能力，可以通过引入其他来源的数据知识丰富原本匮乏的先验信息，提高模型精度。建模所需的数据、先验信息主要源于三个方面：① 装备试验与使用过程中收集到的各层次的故障-测试数据，为描述方便称之为先验信息；② 分析装备的功能传递影响得到的相应信息与开展的 FMECA 分析得到的相关信息，属于先验信息；③ 低层次可通过开展 EDA 仿真故障注入试验得到故障-测试数据，称之为后验信息。图 3.14 为数据来源示意图。

　　先验信息作为信息来源可面向多个层次发挥作用，因为装备结构层次的原因，层次越高信息越匮乏，计算出的模型参数精度越低。层次贝叶斯网络模型的结构设计，可以充分利用装备不同层次节点所具备的先验信息，使得模型不同层次节点的先验信息存在有效的表达途径。这样底层的先验信息可沿层次结构逐步向上优化高层次节点的参数，通过增加底层信息的来源提高参数优化效果，提升模型精度。对于电子系统来说，EDA 仿真故障注入试验能够定量获取较高质量建模所需要的信息，因此本章将其作为数据来源之一。

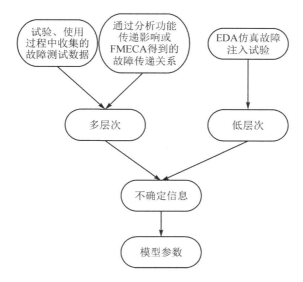

图 3.14　不确定信息来源示意图

另外,功能传递影响与 FMECA 也是模型信息来源之一,装备存在测试项目配置不合理的缺陷,难以直接确定系统层次的故障-测试相关关系,此时可通过分析功能传递关系,结合故障对功能的影响,推理出故障对其他单元造成的影响,确立不同单元间的故障-测试关系,进而推广建立整个系统的测试性模型。

3.3.2　故障节点的参数获取方法

本小节主要研究层次贝叶斯网络模型的参数获取问题。根据模型层次化的结构特性、自下而上的建模思想以及节点的类型差异,需要针对故障节点与信号节点/测试节点、最低层次与其他层次的差异分别开展研究。

故障节点为多值节点,值的数量由所在单元故障数量决定。根据所在层次与信息来源的不同,故障节点的参数有多种获取方式。依据故障类型的不同,故障节点的多值状态分为单元内部故障状态与单元综合故障状态;依据参数获取方式的不同,故障节点的多值状态又可分为两类:一类是通过先验知识确定节点参数信息,另一类需要利用贝叶斯网络推理功能计算得出节点参数。

① $i = \mathrm{I}$ 时,故障节点 f^{I}_{xyz} 一般为最低层次($z=1$)单元故障节点,无父节点,首先确定节点所在单元的单元故障模式的数量为 n,然后通过先验信息直接确定节点参数,有

$$\begin{cases} P(f_{xyz}^{\mathrm{I}}=1)=w_1 \\ P(f_{xyz}^{\mathrm{I}}=2)=w_2 \\ \vdots \\ P(f_{xyz}^{\mathrm{I}}=n)=w_n \\ P(f_{xyz}^{\mathrm{I}}=0)=1-(w_1+w_2+\cdots+w_n) \end{cases} \tag{3.15}$$

式中，$w_i(i=1,2,\cdots,n)$ 表示先验信息得到的数据，$f_{xyz}^{\mathrm{I}}=0$ 表示无故障状态。

② $i=\mathrm{II}$ 时，故障节点 f_{xyz}^{II} 一般不属于最低层次（$z\geqslant2$），该节点有低一层次（$z-1$ 层）的父故障节点集，可用 $pa(f_{xyz}^{\mathrm{II}})$ 表示。假设 $pa(f_{xyz}^{\mathrm{II}})$ 中含有 n 个故障节点，由 $f_{y1(z-1)},f_{y2(z-1)},\cdots,f_{yn(z-1)}$ 表示，分别含有 $k_1,k_2,\cdots,k_n$ 种状态，通过 $z-1$ 层次的贝叶斯网络推理可得该层次的故障可达性矩阵，获取方式如下：

故障可达性矩阵是一种仅含有 $0-1$ 元素的 $(\sum_{i=1}^{n}k_n-n)\times(\sum_{i=1}^{n}k_n-n)$ 维确定性矩阵，行列均表示系统中的故障模式，利用贝叶斯网络推理计算 $P(f_{xyz}=p\mid f_{x\bar{y}z}=q)$，其中 $1\leqslant p\leqslant(k_j-1)$，$1\leqslant p\leqslant(k_i-1)$，当 $P(f_{xyz}=p\mid f_{x\bar{y}z}=q)>0.75$ 时，认为故障 $f_{x\bar{y}z}=q$ 可导致故障 $f_{xyz}=p$ 发生，相应位置置 1，否则置 0。

通过故障与单元的从属关系，可以将矩阵转换为 $(\sum_{i=1}^{n}k_n-n)\times n$ 维的故障关联矩阵 E，转换过程通过下面的例子讲解。

假设系统中有两个单元 $C_{(1,1,1)}$ 与 $C_{(1,2,1)}$，存在两个故障节点 $f_{(1,1,1)}$ 与 $f_{(1,2,1)}$，两个单元分别有 2 种、3 种故障模式，则 $f_{(1,1,1)}$ 为 3 值节点，$f_{(1,2,1)}$ 为 4 值节点，建立该层的层次贝叶斯网络模型，通过网络推理得到故障可达性矩阵，并将其转换为故障关联矩阵 E，即

$$\begin{array}{c} \quad f_{(1,1,1)} \quad f_{(1,2,1)} \\ \quad 1 \ 2 \quad 1 \ 2 \ 3 \\ \begin{array}{c} f_{(1,1,1)} \begin{array}{c}1\\2\end{array} \\ f_{(1,2,1)} \begin{array}{c}1\\2\\3\end{array} \end{array} \begin{bmatrix} 1&0&1&0&0\\0&1&0&0&1\\0&0&1&0&0\\0&0&0&1&0\\0&0&0&0&1 \end{bmatrix} \gg \begin{array}{c} \quad f_{(1,1,1)}\ f_{(1,2,1)} \\ \begin{array}{c} f_{(1,1,1)} \begin{array}{c}1\\2\end{array} \\ f_{(1,2,1)} \begin{array}{c}1\\2\\3\end{array} \end{array} \begin{bmatrix}1&1\\2&3\\0&1\\0&2\\0&3\end{bmatrix} \end{array} \tag{3.16}$$

求故障关联矩阵的原因：根据组合，$pa(f_{xyz}^{\mathrm{II}})$ 共有 $\prod_{i=1}^{n}k_n$ 个可能取值，只有其中 $(\sum_{i=1}^{n}k_n-n)$ 个是有意义的，即对应故障关联矩阵的 $(\sum_{i=1}^{n}k_n-n)$ 个行，其他值所表示的故障不是任何 z 层次故障模式的故障原因，即只有 $pa(f_{xyz}^{\mathrm{II}})$ 取值在关联矩阵 E 时才有意义。

此时,设节点 f_{xyz}^{II} 所在单元共有 n 种故障模式,其中 p 种为单元内部故障模式,对应节点状态编号为 $1\sim p$,q 种为单元综合故障模式,对应的节点状态编号为 $p+1\sim n$,则

a. 当 $pa(f_{xyz}^{II})=k$,$k\neq 0$ 且 $k\in \boldsymbol{E}$ 时,C_{xyz} 发生某种单元内部故障,根据故障纵向传递关系,低层次故障是高层次故障的原因,假设根据 FMECA 确定该种故障引起 $f_{xyz}^{II}=p_i$,$1\leqslant p_i\leqslant p$,节点参数由下式确定:

$$\begin{cases} P(f_{xyz}^{II}=p_i \mid pa(f_{xyz}^{II})=k)=1 \\ P(f_{xyz}^{II}=\text{others} \mid pa(f_{xyz}^{II})=k)=0 \end{cases} \tag{3.17}$$

b. 当 $pa(f_{xyz}^{II})=k$,$k=0$ 或 $k\notin \boldsymbol{E}$ 时,C_{xyz} 发生某种单元综合故障,参数确定方式同①,由先验信息直接确定,对于 $f_{xyz}^{II}=q_i$,$p+1\leqslant q_i\leqslant n$,有

$$\begin{cases} P(f_{xyz}^{II}=q_1 \mid pa(f_{xyz}^{II})=k)=w_1 \\ \vdots \\ P(f_{xyz}^{II}=q_i \mid pa(f_{xyz}^{II})=k)=w_i \\ \vdots \\ P(f_{xyz}^{II}=q_{n-p} \mid pa(f_{xyz}^{II})=k)=w_{n-p} \end{cases} \tag{3.18}$$

③ $i=$ III 时,根据模型结构关系,$pa(f_{xyz}^{III})_1$、$pa(f_{xyz}^{III})_2$ 表示低层次与本层次父节点,类型分别为故障节点、信号节点。设节点 f_{xyz}^{III} 所在单元共有 n 种故障模式,其中 p 种为单元内部故障模式,对应节点状态编号为 $1\sim p$,q 种为单元综合故障模式,对应的节点状态编号为 $p+1\sim n$,推理同②,则

a. 当 $pa(f_{xyz}^{III})_1=k$,$pa(f_{xyz}^{III})_2=0$,$k\neq 0$ 且 $k\in \boldsymbol{E}$ 时,其中 $pa(f_{xyz}^{III})_2=0$ 表示父信号节点都为通过(检测正常)的状态,整体就表示 C_{xyz} 发生某种单元内部故障,且其他单元未向 C_{xyz} 传递故障信号,这种情况下节点参数计算公式同②a,对于 $f_{xyz}^{III}=p_i$,$1\leqslant p_i\leqslant p$,有

$$\begin{cases} P(f_{xyz}^{III}=p_i \mid pa(f_{xyz}^{III})_1=k,pa(f_{xyz}^{III})_2=0)=1 \\ P(f_{xyz}^{III}=\text{others} \mid pa(f_{xyz}^{III})_1=k,pa(f_{xyz}^{III})_2=0)=0 \end{cases} \tag{3.19}$$

b. 当 $pa(f_{xyz}^{III})_1=k$,$pa(f_{xyz}^{III})_2=0$,$k=0$ 或 $k\notin \boldsymbol{E}$ 时,表示 C_{xyz} 发生某种单元综合故障,其他单元未向 C_{xyz} 传递故障信号,这种情况下节点参数计算公式同②b,对于 $f_{xyz}^{III}=q_i$,$p+1\leqslant q_i\leqslant n$,有

$$\begin{cases} P(f_{xyz}^{III}=q_1 \mid pa(f_{xyz}^{III})_1=k,pa(f_{xyz}^{III})_2=0)=w_1 \\ \vdots \\ P(f_{xyz}^{III}=q_i \mid pa(f_{xyz}^{III})_1=k,pa(f_{xyz}^{III})_2=0)=w_i \\ \vdots \\ P(f_{xyz}^{III}=q_{n-p} \mid pa(f_{xyz}^{III})_1=k,pa(f_{xyz}^{III})_2=0)=w_{n-p} \end{cases} \tag{3.20}$$

c. 当 $pa(f_{xyz}^{\text{III}})_2=k,k\neq0$ 时,可分为两种情形,以 $pa(f_{xyz}^{\text{III}})_2=s_{xyz}^1=k,k\neq0$ 为例,根据定义 3.6,作为父节点的信号节点 s_{xyz}^1 为四值节点,有通过(测试正常)、报警(测试正常)、漏检、虚警四种状态,当 $k\neq0$ 时,即信号节点处于报警(测试正常)、漏检、虚警三种状态中的一种。其中当故障节点处于虚警状态时,其他单元未发生故障,不存在故障信号传递至单元 C_{xyz},此时节点参数确定同 a、b;当节点处于报警(测试正常)或漏检状态时,有单元发生对某功能产生影响的严重故障,并通过某些信号传递至单元 C_{xyz},单元 C_{xyz} 部分功能出现问题,对外也表现为某种故障状态。假设根据功能传递影响分析与 FMECA 信息,父节点 $pa(f_{xyz}^{\text{III}})_2=k,k$ 表示报警或漏检状态,会导致单元表现出第 r 种故障,即节点 $f_{xyz}^{\text{III}}=r$,则此时节点参数设置为

$$\begin{cases} P(f_{xyz}^{\text{III}}=r \mid pa(f_{xyz}^{\text{III}})_2=k)=1 \\ P(f_{xyz}^{\text{III}}=\text{others} \mid pa(f_{xyz}^{\text{III}})_2=k)=0 \end{cases} \tag{3.21}$$

3.3.3 信号节点的参数获取方法

根据定义 3.6,信号节点的四种状态:通过(测试正常)、报警(测试正常)、漏检、虚警分别用 0、1、2、3 表示。信号节点的参数计算主要分最低层次($z=1$)与上层次($z\geq2$)两部分进行研究。为方便表述,本小节将 $z\geq2$ 的部分称为高层次。单元 C_{xyz} 中的信号节点 s_{xyz}^k 参数获取主要为确定条件概率 $P(s_{xyz}^k\mid pa(s_{xyz}^k))$。

（1）最低层次

若最低层次部分故障可以进行 EDA 仿真故障注入试验,则信号节点参数计算所需的数据主要有两个来源——先验信息和后验数据。分两种情况计算 $P(s_{xyz}^k\mid pa(s_{xyz}^k))$:

① 只有试验、试用阶段的故障-测试数据等先验信息的情况下:

$$P(s_{xyz}^k \mid pa(s_{xyz}^k))=\int P(s_{xyz}^k \mid pa(s_{xyz}^k),\theta)P(\theta)\mathrm{d}\theta=\int \theta \cdot P(\theta)\mathrm{d}\theta \tag{3.22}$$

② 除先验信息外,还有故障注入试验得到的后验信息:

$$P(s_{xyz}^k \mid pa(s_{xyz}^k),D)=\int P(s_{xyz}^k \mid pa(s_{xyz}^k),\theta,D)P(\theta \mid D)\mathrm{d}\theta=\int \theta \cdot P(\theta \mid D)\mathrm{d}\theta \tag{3.23}$$

其中,D 表示后验样本数据。

由以上分析可以看出,信号节点 s_{xyz}^k 的参数获取最主要的工作为计算 $p(\theta)$ 或 $p(\theta\mid D)$,因而首先将专家知识等先验信息转化为 $p(\theta)$ 或 $p(\theta\mid D)$ 的分布,则

$$p(\theta)=\text{Beta}(\theta;\alpha,\beta)=\frac{\Gamma(\alpha+\beta)}{\Gamma(\alpha)+\Gamma(\beta)}\theta^{\alpha-1}(1-\theta)^{\beta-1} \tag{3.24}$$

式中,参数 θ 即为信号节点参数;参数 α 和参数 β 称为 Beta 分布超参数,根据专家知识可信度或样本的数据量确定。

数据用 (n,pd_{ij}) 或 (n,pf_j) 表示(下文以 (n,pd_{ij}) 为例,可计算 $s_{xyz}^k=1/2$ 时的参数,$s_{xyz}^k=0/3$ 与其类似,不再赘述),得到后验分布 $p(\theta|D)$,有

$$p(\theta \mid D)=\mathrm{Beta}(\theta;\alpha+n \cdot pd_{ij},\beta+n \cdot (1-pd_{ij})) \tag{3.25}$$

$$P(s_{xyz}^k=1 \mid pa(s_{xyz}^k),D)=E(\theta)$$

$$=\int P(s_{xyz}^k=1 \mid pa(s_{xyz}^k),\theta)P(\theta \mid D)\mathrm{d}\theta$$

$$=\int \theta \cdot \mathrm{Beta}(\theta;\alpha+n \cdot pd_{ij},\beta+n \cdot (1-pd_{ij}))\mathrm{d}\theta$$

$$=\frac{\alpha+n \cdot pd_{ij}}{\alpha+\beta+n} \tag{3.26}$$

$$P(s_{xyz}^k=2 \mid pa(s_{xyz}^k),D)=1-P(s_{xyz}^k=1 \mid pa(s_{xyz}^k),D) \tag{3.27}$$

(2) 高层次

以 z 层次单元 C_{xyz} 信号节点 s_{xyz}^k 为例,该节点的节点参数可记为 $P(s_{xyz}^k \mid pa(s_{xyz}^k))$,其中父节点 $pa(s_{xyz}^k)$ 为故障节点 f_{xyz},根据单元 C_{xyz} 中含有的故障模式的不同,节点 f_{xyz} 有多种状态,大体分为三类:单元内部故障状态、单元综合故障状态、无故障状态。设父节点所在单元 C_{xyz} 共有 n 种故障模式,其中 p 种为单元内部故障模式,节点状态编号为 $1\sim p$,q 种为单元综合故障模式,节点状态编号为 $p+1\sim n$,则父节点 f_{xyz} 共有 $n+1$ 种状态,图 3.15 为高层次信号节点示意图,参数计算方法如下:

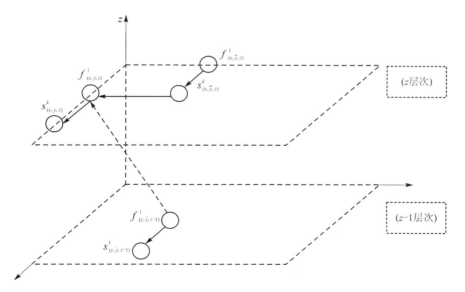

图 3.15　高层次信号节点示意图

① 当 $pa(s_{xyz}^i)=f_{xyz}=p_j,1\leqslant p_j\leqslant p$ 时,单元 C_{xyz} 发生单元内部故障,根据故

障纵向传递关系,设故障原因为低层次单元 $C_{x\hat{y}(z-1)}$ 中发生某故障,记为 $f_{x\hat{y}(z-1)}=k$,此时节点参数 $P(s_{xyz}^i \mid pa(s_{xyz})=p_j)$ 通过贝叶斯网络推理得

$$\begin{cases} P(s_{xyz}^i=1 \mid pa(s_{xyz})=p_j)=P(s_{z-1}^{输出}=1 \mid f_{x\hat{y}(z-1)}=k) \\ P(s_{xyz}^i=2 \mid pa(s_{xyz})=p_j)=P(s_{z-1}^{输出}=2 \mid f_{x\hat{y}(z-1)}=k)=1-P(s_{z-1}^{输出}=1 \mid f_{x\hat{y}(z-1)}=k) \end{cases}$$

$$(3.28)$$

其中,$s_{z-1}^{输出}$ 表示单元 C_{xyz} 中信号节点 s_{xyz}^i 所对应的低层次输出信号节点。

② 当 $pa(s_{xyz}^i)=f_{xyz}=q_j$,$p+1 \leqslant q_j \leqslant n$ 时,单元 C_{xyz} 发生单元综合故障,此时信号节点参数 $P(s_{xyz}^i \mid pa(s_{xyz})=p_j)$ 获取方式同(1),直接由先验信息确定。

③ 当 $pa(s_{xyz}^i)=0$ 时,即单元 C_{xyz} 未发生故障,此时节点参数 $P(s_{xyz}^i=3 \mid pa(s_{xyz})=0)$ 表示在单元 C_{xyz} 未发生故障的前提条件下,信号节点 s_{xyz}^i 所布置的测试报警,即 s_{xyz}^i 发生虚警的概率。计算该参数值的信息来源有两种,一是由低一层次($z-1$ 层次)根据贝叶斯网络推理得到,二是专家提供的先验信息。

设贝叶斯网络推理得到的信息为 $pf_j=p(s_{z-1}^{输出}=3 \mid f_{xyz}=0)$,将其作为后验信息改进参数,该数据记为 (n,pf_j),n 由相应单元故障样本量确定;对于专家提供的先验信息而言,由于系统无故障,测试只有虚警与检测正常两种状态,因此选取 Beta 分布作为先验分布,即 $p(\hat{\theta})=\text{Beta}(\hat{\theta};\alpha,\beta)$,其中 $\hat{\theta}$ 表示系统虚警率,α,β 为超参数。利用贝叶斯方法融合两者信息,得

$$P(s_{xyz}^i=3 \mid pa(s_{xyz})=0)$$
$$=\int P(s_{xyz}^k=3 \mid pa(s_{xyz}^i)=0,\theta,D)P(\theta \mid D)\mathrm{d}\theta$$
$$=\int \theta \cdot \text{Beta}(\theta;\alpha+n \cdot pf_j,\beta+n \cdot (1-pf_j))\mathrm{d}\theta \qquad (3.29)$$

3.3.4 测试节点的参数获取方法

根据定义 3.7,测试节点为二值节点,有通过、报警两种状态,其节点参数获取方法与信号节点的类似。测试节点的参数计算主要分最低层次($z=1$)与上层次($z \geqslant 2$)两部分进行研究。为方便表述,本小节将最低层次以上部分称为高层次。单元 C_{xyz} 中的测试节点 t_{xyz}^k 参数获取主要为确定条件概率 $P(t_{xyz}^k \mid pa(t_{xyz}^k))$。

(1) 最低层次

分两种情况分别计算参数 $P(t_{xyz}^k \mid pa(t_{xyz}^k))$:

① 只有试验、试用阶段的故障-测试数据等先验信息的情况下:

$$P(t_{xyz}^k \mid pa(t_{xyz}^k))=\int P(t_{xyz}^k \mid pa(t_{xyz}^k),\theta)P(\theta)\mathrm{d}\theta=\int \theta \cdot P(\theta)\mathrm{d}\theta \quad (3.30)$$

② 除先验信息外,还有故障注入试验得到的后验信息:

$$P(t_{xyz}^k \mid pa(t_{xyz}^k), D) = \int P(t_{xyz}^k \mid pa(t_{xyz}^k), \theta, D) P(\theta \mid D) \mathrm{d}\theta = \int \theta \cdot P(\theta \mid D) \mathrm{d}\theta$$

$$(3.31)$$

其中,D 表示 EDA 仿真故障注入试验带来的后验样本数据。

信号节点 s_{xyz}^k 的参数获取最主要的工作为计算 $p(\theta)$ 或 $p(\theta \mid D)$,相关计算方法在 3.3.3 小节中进行介绍。

(2) 高层次

以 z 层次单元 C_{xyz} 信号节点 t_{xyz}^k 为例,该节点的节点参数可记为 $P(t_{xyz}^k \mid pa(t_{xyz}^k))$,其中父节点 $pa(t_{xyz}^k)$ 为故障节点 f_{xyz},根据单元 C_{xyz} 中含有的故障模式的不同,节点 f_{xyz} 有多种状态,大体分为单元内部故障状态、单元综合故障状态、无故障状态三种类型。设父节点所在单元 C_{xyz} 共有 n 种故障模式,其中 p 种为单元内部故障模式,对应节点状态编号为 $1 \sim p$,q 种为单元综合故障模式,对应的节点状态编号为 $p+1 \sim n$,则父节点 f_{xyz} 共有 $n+1$ 种状态,参数计算方法如下:

① 当 $pa(t_{xyz}^k) = f_{xyz} = p_j$,$1 \leqslant p_j \leqslant p$ 时,单元 C_{xyz} 发生单元内部故障,设故障原因为低层次单元 $C_{x\hat{y}(z-1)}$ 中发生某故障,即故障节点 $f_{x\hat{y}(z-1)} = k$,此时节点参数 $P(t_{xyz}^k \mid pa(t_{xyz}^k) = p_j)$ 通过贝叶斯网络推理得到:

$$\begin{cases} P(t_{xyz}^k = 1 \mid pa(t_{xyz}^k) = p_j) = P(t_{z-1}^{\text{输出}} = 1 \mid f_{x\hat{y}(z-1)} = k) \\ P(t_{xyz}^k = 2 \mid pa(t_{xyz}^k) = p_j) = P(t_{z-1}^{\text{输出}} = 2 \mid f_{x\hat{y}(z-1)} = k) = 1 - P(t_{z-1}^{\text{输出}} = 1 \mid f_{x\hat{y}(z-1)} = k) \end{cases}$$

$$(3.32)$$

其中,$t_{z-1}^{\text{输出}}$ 表示单元 C_{xyz} 中 t_{xyz}^k 所对应的低层次输出测试节点(原理同 3.3.3 - (2) - ①)。

② 当 $pa(s_{xyz}^i) = f_{xyz} = q_j$,$p+1 \leqslant q_j \leqslant n$ 时,单元 C_{xyz} 发生单元综合故障,此时信号节点参数 $P(s_{xyz}^i \mid pa(s_{xyz}^i) = p_j)$ 获取方式同(1),直接由先验信息确定(原理同 3.3.3 - (2) - ②)。

③ 当 $pa(t_{xyz}^k) = 0$ 时,即单元 C_{xyz} 未发生故障,此时节点参数 $P(t_{xyz}^k = 1 \mid pa(s_{xyz}^i) = 0)$ 表示在单元 C_{xyz} 未发生故障的前提条件下,测试节点 t_{xyz}^k 所布置的测试 t_k 报警,即 t_k 发生虚警的概率。计算该参数值的信息来源有两种,一是由 $z-1$ 层次根据贝叶斯网络推理得到的,二是专家提供的先验信息。

贝叶斯网络推理得到的信息为 $pf_j = p(t_{z-1}^{\text{输出}} = 3 \mid f_{xyz} = 0)$,可作为后验信息改进参数,该数据记为 (n, pf_j);对于专家提供的先验信息而言,由于系统无故障,测试只有虚警与检测正常两种状态,因此选取 Beta 分布作为先验分布,即 $p(\hat{\theta}) = \text{Beta}(\hat{\theta}; \alpha, \beta)$,其中 $\hat{\theta}$ 表示系统虚警率,α,β 为超参数。利用贝叶斯方法融合两者信息,得(原理同 3.3.3 - (2) - ③)

$$P(t_{xyz}^k = 3 \mid pa(t_{xyz}^k) = 0)$$

$$= \int P(t_{xyz}^k = 3 \mid pa(t_{xyz}^k) = 0, \theta, D) P(\theta \mid D) \mathrm{d}\theta$$

$$= \int \theta \cdot \mathrm{Beta}(\theta; \alpha + n \cdot pf_j, \beta + n \cdot (1 - pf_j)) \mathrm{d}\theta \qquad (3.33)$$

3.4　相关性矩阵获取

确定贝叶斯网络模型的结构与参数信息后,为方便直观展示故障-测试逻辑关系,可利用层次贝叶斯网络模型求取相关性矩阵。常规的建模工具如 TEAMS 只生成系统最低层级的故障-测试相关性矩阵,这给之后测试优化设计工作带来了不便。因而对其进行改进,针对模型各个层次不同单元分别建立相应的相关性矩阵。本节以计算第 z 层相关性矩阵为例进行说明。

3.4.1　不确定相关性矩阵

$N \times m$ 维不确定相关性矩阵 $\boldsymbol{P}_d = [pd_{ij}]$,其中,$pd_{ij}$ 表示测试 t_j 对故障 f_i 的检测率,使用公式(3.34)、公式(3.35)计算。

假设信号节点 s_{xyz}^j 处隐含测试 t_j,则测试 t_j 对故障 $f_{xyz} = k = f_i$ 的检测率为

$$pd_{ij} = P(s_{xyz}^j = 1 \mid f_{xyz} = k, pa(f_{xyz})_2 = 0) \qquad (3.34)$$

其中,f_i 表示具体的故障模式,$pa(f_{xyz})_2 = 0$ 表示同层次父节点,即一些信号节点须设定为正常状态,之所以添加该条件,主要是故障率较故障传播概率低很多,若不添加父节点限制条件,依据贝叶斯网络的证据推理机制,许多与该故障没有相关关系的节点会错误显示出检测到故障。

测试节点 t_{xyz}^k 处的测试 t_k 对故障 $f_{xyz} = k = f_i$ 的检测率为

$$pd_{ik} = P(t_{xyz}^k = 1 \mid f_{xyz}^i = k, pa(f_{xyz})_2 = 0) \qquad (3.35)$$

3.4.2　相关性矩阵

$N \times m$ 维仅含确定信息的相关性矩阵 $\boldsymbol{D} = [d_{ij}]$,其中 d_{ij} 表示测试 t_j 与故障 f_i 具有相关关系,当 $pd_{ij} > 0.75$ 时,$d_{ij} = 1$,以此方式将不确定的相关性矩阵转换为确定的相关性矩阵 $\boldsymbol{D}$。

3.4.3　虚警矩阵

$m \times 1$ 维虚警矩阵 $\boldsymbol{P}_f = [pf_j]$,其中 pf_j 或 pf_k 表示信号节点 s_{xyz}^j 处隐含的测试 t_j 或测试节点处 t_{xyz}^k 的测试 t_k 发生虚警的概率,由公式(3.36)、公式(3.37)计算。

假设信号节点 s_{xyz}^{j} 处隐含的测试为 t_{j}，则 t_{j} 发生虚警的概率为

$$pf_{j} = \mathrm{FAR}_{s_{xyz}^{j}} = P(s_{xyz}^{j} = 3 \mid f_{\hat{x}x(z+1)} = 0) \tag{3.36}$$

测试节点 t_{xyz}^{k} 处的测试 t_{k} 发生虚警的概率为

$$pf_{k} = \mathrm{FAR}_{t_{xyz}^{k}} = P(t_{xyz}^{k} = 1 \mid f_{\hat{x}x(z+1)} = 0) \tag{3.37}$$

3.4.4　测试性指标计算

层次贝叶斯网络模型的优势便是可以生成不同层次不同单元相应的相关性矩阵与测试性指标。为简单起见，模型的测试性指标计算工作是在不确定相关性矩阵的基础上进行的。

系统对故障 $f_{xyz} = k = f_{i}$ 的检测率（f_{i} 表示具体的故障模式）为

$$\mathrm{FDR}_{i} = 1 - \prod_{j=1}^{m}(1 - pd_{ij}) \tag{3.38}$$

系统的故障检测率为

$$\mathrm{FDR} = \frac{\sum_{i=1}^{n} P(f_{i}) \cdot \mathrm{FDR}_{i}}{\sum_{i=1}^{n} P(f_{i})} \tag{3.39}$$

故障隔离率为

$$\mathrm{FIR} = \frac{\sum_{f_{i} \in \mathrm{isolation}} P(f_{i}) \cdot \mathrm{FDR}_{i}}{\sum_{i=1}^{n} P(f_{i}) \cdot \mathrm{FDR}_{i}} \tag{3.40}$$

其中，$f_{i} \in \mathrm{isolation}$ 表示故障可被隔离到要求的模糊组中，根据相关性矩阵确定，若故障 f_{i} 对应的行不为全零行，且不与其他行重复，则认为 f_{i} 可被隔离。

测试 t_{j} 的虚警率由式（3.36）、式（3.37）计算。

系统的虚警率为

$$\mathrm{FAR} = 1 - \prod_{j=1}^{m}(1 - pf_{j}) \tag{3.41}$$

3.5　实例分析

某装备主要由电气设备、导航设备、综控机、制导设备、高度设备、载荷、舵机等 LRU 组成。本节以该装备系统为对象，建立它的 LRU、系统两个约定层次的层次贝叶斯网络模型。根据对装备系统层以及对高度设备开展的 FMECA 分析得知，该装备系统层共有 36 个故障模式，故障共影响 14 种功能信号、32 个测试（包含对功能信

号的测试),分别表示为 f_{xyz}、s_{xyz}^i 与 t_{xyz}^i,并记于表3.4、表3.5中。

表 3.4 系统级故障模式及相关信息

单 元	故障模式	编 号	故障节点
电气系统 $C_{(1,1,2)}$	高度设备+28.5V 供电异常	f_1	$f_{(1,1,2)}$
	制导设备+28.5 V 供电异常	f_2	
	导航设备+28.5 V 供电异常	f_3	
	综控机+28.5 V 供电异常	f_4	
	舵机+28.5 V 供电异常	f_5	
	载荷+28.5 V 供电异常	f_6	
	电气系统失效	f_7	
高度设备 $C_{(1,2,2)}$	高度设备失效	f_8	$f_{(1,2,2)}$
	跟踪失败	f_9	
	抗干扰失效	f_{10}	
	高度设备高度测量异常	f_{11}	
	高度设备测量范围不足	f_{12}	
	高度设备电源、地不隔离	f_{13}	
	假跟踪高度	f_{14}	
	搜索失败	f_{15}	
	周期计输出高度电压异常	f_{16}	
制导设备 $C_{(1,3,2)}$	制导设备失效	f_{17}	$f_{(1,3,2)}$
	未输出有效距离信息	f_{18}	
	未输出有效方位角信息	f_{19}	
	距离测量精度降低	f_{20}	
	方位角指示误差大	f_{21}	
	接收分机失谐	f_{22}	
	发射机故障	f_{23}	
导航设备 $C_{(1,4,2)}$	惯测系统失效	f_{24}	$f_{(1,4,2)}$
	陀螺仪不工作	f_{25}	
	无加速度信号输出	f_{26}	
	角速度信息误差大	f_{27}	
	加速度信号不真实	f_{28}	

续表 3.4

单　元	故障模式	编　号	故障节点
综控机 $C_{(1,5,2)}$	综控机不工作	f_{29}	$f_{(1,5,2)}$
	解保指令异常	f_{30}	
	舵控制指令异常	f_{31}	
	高度设备连接故障	f_{32}	
	制导设备连接故障	f_{33}	
	导航设备连接故障	f_{34}	
舵机 $C_{(1,6,2)}$	舵反馈信号异常	f_{35}	$f_{(1,6,2)}$
载荷 $C_{(1,7,2)}$	载荷故障	f_{36}	$f_{(1,7,2)}$

表 3.5　系统级测试及相关信息

单　元	测试或信号	编　号	信号节点
电气系统 $C_{(1,1,2)}$	高度设备＋28.5 V 输出	t_1	$s^1_{(1,1,2)}$
	制导设备＋28.5 V 输出	t_2	$s^2_{(1,1,2)}$
	导航设备＋28.5 V 输出	t_3	$s^3_{(1,1,2)}$
	综控机＋28.5 V 输出	t_4	$s^4_{(1,1,2)}$
	舵机＋28.5 V 输出	t_5	$s^5_{(1,1,2)}$
	载荷＋28.5 V 输出	t_6	$s^6_{(1,1,2)}$
高度设备 $C_{(1,2,2)}$	源、地隔离测试	t_7	$t^1_{(1,2,2)}$
	微波功率测试	t_8	$t^2_{(1,2,2)}$
	差频信号幅度测试	t_9	$t^3_{(1,2,2)}$
	差频信号噪声测试	t_{10}	$t^4_{(1,2,2)}$
	高度增益控制电压信号 U_{gc} 检测	t_{11}	$t^5_{(1,2,2)}$
	锯齿波控制电压 U_{sg} 检测	t_{12}	$t^6_{(1,2,2)}$
	高度跟踪信号 U_{str}	t_{13}	$s^1_{(1,2,2)}$
	和脉冲信号 θ_p	t_{14}	$s^2_{(1,2,2)}$
	高度电压 U_H 检测	t_{15}	$t^7_{(1,2,2)}$
制导设备 $C_{(1,3,2)}$	距离跟踪信号	t_{16}	$s^1_{(1,3,2)}$
	航向误差信号	t_{17}	$s^2_{(1,3,2)}$
	和路检波信号	t_{18}	$t^1_{(1,3,2)}$
	航控电压	t_{19}	$t^2_{(1,3,2)}$
	本振功率检测	t_{20}	$t^3_{(1,3,2)}$
	磁控管电流遥测	t_{21}	$t^4_{(1,3,2)}$

续表 3.5

单 元	测试或信号	编 号	信号节点
导航设备 $C_{(1,4,2)}$	输出角速度信号	t_{22}	$s^1_{(1,4,2)}$
	输出加速度信号	t_{23}	$s^2_{(1,4,2)}$
	陀螺控制电路输出信号检测	t_{24}	$t^1_{(1,4,2)}$
	I/F 转换电路输出检测	t_{25}	$t^2_{(1,4,2)}$
综控机 $C_{(1,5,2)}$	舵控制指令信号	t_{26}	$s^1_{(1,5,2)}$
	载荷指令信号	t_{27}	$s^2_{(1,5,2)}$
	高度设备接口信号检测	t_{28}	$t^3_{(1,5,2)}$
	制导设备接口信号检测	t_{29}	$t^4_{(1,5,2)}$
	导航设备接口信号检测	t_{30}	$t^5_{(1,5,2)}$
舵机 $C_{(1,6,2)}$	反馈信号	t_{31}	$s^1_{(1,6,2)}$
载荷 $C_{(1,7,2)}$	执行电压信号	t_{32}	$s^1_{(1,7,2)}$

LRU 层高度设备共有 23 种故障模式,20 种可被测试的功能信号或测试,具体信息记于表 3.6、表 3.7 中,测试 $t_1 \sim t_{17}$ 对应测试节点 $t^1_{(2,1,1)} \sim t^{17}_{(2,1,1)}$,测试 t_{20} 对应测试节点 $t^{18}_{(2,1,1)}$;测试 t_{18},t_{19} 对应于信号节点 $s^1_{(2,1,1)}$,$s^2_{(2,1,1)}$。

表 3.6　LRU 层故障模式及相关信息

单 元	故障模式	故障模式编号	故障发生概率
电源	输入滤波隔离电路短路	f_1	9×10^{-7}
	输入滤波隔离电路开路	f_2	8×10^{-7}
	DC 转换模块短路	f_3	9×10^{-7}
	DC 转换模块开路	f_4	8×10^{-7}
	输出隔离滤波电路短路	f_5	9×10^{-7}
	输出隔离滤波电路开路	f_6	8×10^{-7}
天馈单元	接收天线不能接收微波功率	f_7	5×10^{-7}
	接收功率不足	f_8	1×10^{-6}
	接收馈线不能传播微波功率	f_9	9×10^{-6}
	接收 PIN 开关无接收信号	f_{10}	8×10^{-6}
收发组件	接收支路无差频输出	f_{11}	5×10^{-6}
	接收支路差频输出幅度小	f_{12}	8×10^{-6}
	接收支路输出噪声大	f_{13}	5×10^{-6}

续表 3.6

单　元	故障模式	故障模式编号	故障发生概率
接收鉴频组合	放大器增益恒定	f_{14}	1×10^{-6}
	低频放大器无输出或满量程	f_{15}	5×10^{-5}
	跟踪误差电压无输出或满量程	f_{16}	5×10^{-5}
	比较电压无输出	f_{17}	2×10^{-5}
	鉴频器无输出	f_{18}	8×10^{-5}
伺服输出组合	锯齿波控制电压异常	f_{19}	4×10^{-6}
	锯齿波输出异常	f_{20}	3×10^{-5}
	脉冲输出异常	f_{21}	9×10^{-6}
	电压周期计输出异常	f_{22}	1×10^{-6}
	无法进入跟踪状态	f_{23}	1×10^{-5}

表 3.7　LRU 层测试及测试编号

测试编号	备选测试	测试编号	备选测试
t_1	LC 滤波器（输入）输出测试	t_2	LC 滤波器（输出）测试
t_3	电源隔离检测	t_4	+15 V 电源测试
t_5	接收天线输出信号检测	t_6	微波功率检测
t_7	PIN 开关输出信号检测	t_8	馈线输出信号检测
t_9	接收支路差拍信号 f_b 检测	t_{10}	差频信号幅度测试
t_{11}	差频信号噪声测试	t_{12}	放大增益测试
t_{13}	放大器输出信号检测	t_{14}	跟踪鉴频器输出信号 U_{tr} 检测
t_{15}	比较鉴频器输出信号 U_{co} 检测	t_{16}	锯齿波控制电压 U_{stg} 测试
t_{17}	锯齿波调制周期 T_m 测试	t_{18}	高度跟踪信号 U_{str} 测试
t_{19}	和脉冲 θ_p 测试	t_{20}	高度电压 U_H 检测

　　根据 FMECA 信息与故障测试数据建立该系统的贝叶斯网络测试性模型,如图 3.16 所示。

　　为直观表示,用贝叶斯网络工具软件 Netica 构建系统层次的某装备测试性模型如图 3.17 所示。

　　根据模型计算得到系统层次的不确定相关性矩阵 $\boldsymbol{P}_d$ 为

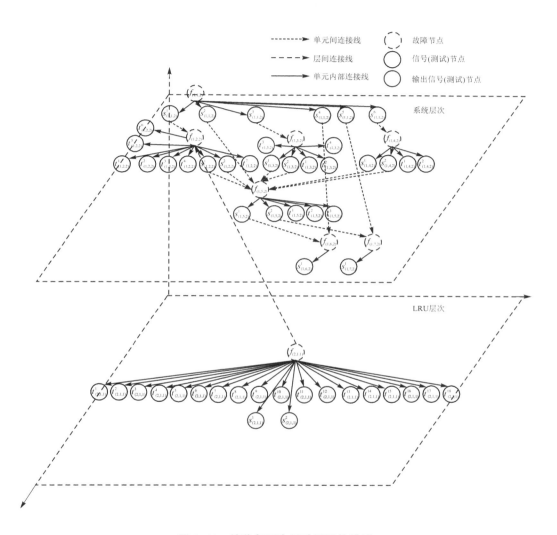

图 3.16　某装备层次贝叶斯网络模型

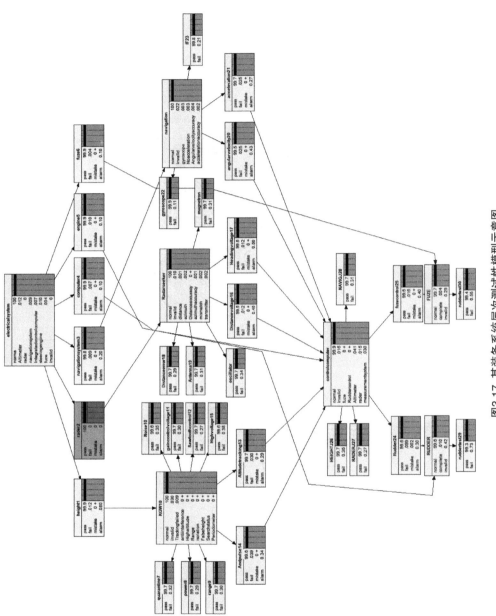

图3.17 某装备系统层次测试性模型示意图

系统层次虚警矩阵为

$$0.000\,1\times$$

$$[19\ 19\ 19\ 19\ 19\ 19\ 32\ 29\ 30\ 35\ 30\ 24\ 21\ 25\ 29\ 31\ 34\ 31\ 27\ 27\ 11\ 21\ 21\ 46\ 31\ 26\ 28\ 32\ 27]$$

LRU 层次不确定相关性矩阵为

$$
\begin{bmatrix}
0.98 & 0 & 0 & 0 & 0 & 0 & 0 & 0 & 0 & 0 & 0 & 0 & 0 & 0 & 0 & 0 & 0 & 0 & 0 & 0 & 0 \\
0.996 & 0 & 0 & 0.995 & 0 & 0 & 0 & 0 & 0.998 & 0 & 0 & 0 & 0 & 0.992 & 0.994 & 0.989 & 0.996 & 0.981 & 0.991 & 0.996 \\
0 & 0 & 0 & 0.995 & 0 & 0 & 0 & 0 & 0.995 & 0 & 0 & 0 & 0 & 0.994 & 0.994 & 0.986 & 0.993 & 0.986 & 0.986 & 0.995 \\
0 & 0 & 0 & 0.995 & 0 & 0 & 0 & 0 & 0.995 & 0 & 0 & 0 & 0 & 0.991 & 0.991 & 0.989 & 0.995 & 0.986 & 0.989 & 0.993 \\
0 & 0.97 & 0.96 & 0 & 0 & 0 & 0 & 0 & 0 & 0 & 0 & 0 & 0 & 0 & 0 & 0 & 0 & 0 & 0 & 0 \\
0 & 0.996 & 0 & 0.993 & 0 & 0 & 0 & 0 & 0.997 & 0 & 0 & 0 & 0 & 0.991 & 0.993 & 0.991 & 0.995 & 0.983 & 0.992 & 0.994 \\
0 & 0 & 0 & 0 & 0.993 & 0 & 0.993 & 0.992 & 0.997 & 0 & 0 & 0 & 0 & 0.992 & 0.993 & 0.978 & 0.99 & 0.991 & 0.983 & 0.989 \\
0 & 0 & 0 & 0 & 0 & 0.975 & 0 & 0 & 0 & 0 & 0 & 0 & 0 & 0 & 0 & 0 & 0 & 0 & 0 & 0 \\
0 & 0 & 0 & 0 & 0 & 0 & 0.993 & 0.992 & 0 & 0 & 0 & 0 & 0 & 0.995 & 0.994 & 0.973 & 0.994 & 0.996 & 0.987 & 0.991 \\
0 & 0 & 0 & 0 & 0 & 0 & 0.996 & 0.995 & 0.995 & 0 & 0 & 0 & 0 & 0.991 & 0.991 & 0.987 & 0.99 & 0.985 & 0.99 & 0.989 \\
0 & 0 & 0.998 & 0 & 0 & 0 & 0 & 0 & 0.995 & 0 & 0 & 0 & 0 & 0.99 & 0.993 & 0.985 & 0.986 & 0.985 & 0.987 & 0.989 \\
0 & 0 & 0 & 0 & 0 & 0 & 0 & 0 & 0.96 & 0 & 0 & 0 & 0 & 0 & 0 & 0 & 0 & 0 & 0 & 0 \\
0 & 0 & 0 & 0 & 0 & 0 & 0 & 0 & 0 & 0.95 & 0 & 0 & 0 & 0 & 0 & 0 & 0 & 0 & 0 & 0 \\
0 & 0 & 0 & 0 & 0 & 0 & 0 & 0 & 0 & 0 & 0.975 & 0 & 0 & 0 & 0 & 0 & 0 & 0 & 0 & 0 \\
0 & 0 & 0 & 0 & 0 & 0 & 0 & 0 & 0 & 0 & 0 & 0.989 & 0.987 & 0.991 & 0.983 & 0.981 & 0.986 & 0.982 & 0.983 \\
0 & 0 & 0 & 0 & 0 & 0 & 0 & 0 & 0 & 0 & 0 & 0 & 0.992 & 0 & 0 & 0.979 & 0 & 0.987 & 0.969 \\
0 & 0 & 0 & 0 & 0 & 0 & 0 & 0 & 0 & 0 & 0 & 0 & 0 & 0.992 & 0.986 & 0.993 & 0.97 & 0.987 & 0.993 \\
0 & 0 & 0 & 0 & 0 & 0 & 0 & 0 & 0 & 0 & 0 & 0 & 0.989 & 0.987 & 0.981 & 0.991 & 0.97 & 0.989 & 0.991 \\
0 & 0 & 0 & 0 & 0 & 0 & 0 & 0 & 0 & 0 & 0 & 0 & 0 & 0 & 0.978 & 0 & 0 & 0 & 0 \\
0 & 0 & 0 & 0 & 0 & 0 & 0 & 0 & 0 & 0 & 0 & 0 & 0 & 0 & 0 & 0.979 & 0 & 0.987 & 0.969 \\
0 & 0 & 0 & 0 & 0 & 0 & 0 & 0 & 0 & 0 & 0 & 0 & 0 & 0 & 0 & 0 & 0 & 0.989 & 0.98 \\
0 & 0 & 0 & 0 & 0 & 0 & 0 & 0 & 0 & 0 & 0 & 0 & 0 & 0 & 0 & 0 & 0 & 0 & 0.989 \\
0 & 0 & 0 & 0 & 0 & 0 & 0 & 0 & 0 & 0 & 0 & 0 & 0 & 0 & 0.99 & 0.991 & 0.98 & 0.987 & 0.994 \\
\end{bmatrix}
$$

LRU 层次虚警矩阵为

$$[40\ 40\ 32\ 19\ 20\ 29\ 20\ 23\ 25\ 30\ 35\ 30\ 15\ 25\ 25\ 24\ 34\ 21\ 26\ 34]\times0.000\,1$$

某装备实际并未设置测试 $t_7,t_8,t_9,t_{10},t_{11},t_{12},t_{15},t_{16},t_{17},t_{24},t_{25}$，故障 f_{10}，$f_{11},f_{12},f_{13},f_{14},f_{15},f_{16},f_{27},f_{28}$ 为严酷度较低的故障，根据层次贝叶斯网络模型进行导弹系统层次测试性分析，并记录在表 3.8 和表 3.9 中。

表 3.8　系统层次测试性指标

测试性指标	数　值
故障检测率/%	97.33
故障隔离率/%	83.81
虚警率/%	3.86
故障检测率(不考虑严酷度较低的故障)/%	99.31
故障隔离率(不考虑严酷度较低的故障)/%	83.03
虚警率(不考虑严酷度较低的故障)/%	3.56

表 3.9　统计得到的测试性指标

测试性指标	数　值
故障隔离率(不考虑严酷度较低的故障)/%	82.6
虚警率(不考虑严酷度较低的故障)/%	3.2
故障检测率(不考虑严酷度较低的故障)/%	99.1

　　根据与实际统计信息的对比,层次贝叶斯网络模型可以有效评估装备的测试性设计水平,误差较小。

第4章 测试性分析与优化

4.1 概 述

本章的测试性优化选择的假设条件是:① 单故障;② 二值测试。本章对不可靠测试条件下的多层次测试优化选择问题开展研究,首先确立多目标优化的求解方向;之后通过分析建立问题的数学模型,指出了解决问题的主要思路;然后说明了各层次的测试选择流程;最后针对现有多目标优化算法的不足,在故障-测试不确定矩阵的基础上提出 MOPSO-NSGA3 混合算法来求解该问题。在现有测试点配置方案的基础上,针对装备每一层次建立了故障诊断策略优化问题的数学模型,然后提出了基于多目标蚁群算法的分层诊断策略优化设计方法进行求解。本章的研究思路如图 4.1 所示。

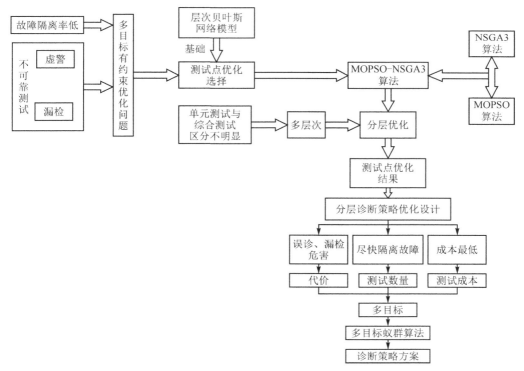

图 4.1 测试优化选择研究的总体路线

4.2 测试优化问题分析

4.2.1 不可靠测试条件下的多层次测试优化选择问题

多层次测试优化选择需要解决如下问题：

① 判断各层次不同单元的测试集的完备性，即采用该测试集是否能满足测试性设计所规定的测试性指标要求；

② 选择出各层次不同单元备选测试集的子集，子集满足两个要求：a. 测试子集是完备的；b. 测试子集可使得一些要求的测试性指标或测试成本等达到综合最优。

本章主要工作都是建立在层次贝叶斯网络模型基础上的，因而测试优化选择也是在不可靠测试条件下进行的。为最大限度抑制虚警、漏检的发生，测试优化选择需要将虚警情况考虑在内。现有的优化方法存在以下缺陷：

① 现有优化算法的优化目标单一，忽视了漏检、虚警等不确定信息，优化结果偏离实际；

② 使用单目标优化算法求解多目标问题，但如何构建目标函数并证明其有效性目前并无指导性解决方案。

因此本章处理测试优化选择问题的主要思路为将问题还原回多目标优化问题本身，采用多目标优化算法进行求解。

4.2.2 测试优化问题的数学模型

设二值向量 $\boldsymbol{X}=\{x_1,x_2,\cdots,x_n\}$ 为备选的测试集，n 表示共有 n 个备选测试。若 $x_i=1$，则表示测试 t_i 被选中；若 $x_i=0$，则表示测试 t_i 未被选中。备选测试集也与后面优化算法的编码方式相契合。

$$x_i=\begin{cases}1, & t^i \text{ 被选中}\\ 0, & t^i \text{ 未被选中}\end{cases} \tag{4.1}$$

测试优化选择问题是一种有约束多目标优化问题，设置故障检测率、故障隔离率为约束条件，虚警率、测点数量、测试成本为优化目标求解测试配置方案。因此对于任一层次 z，测试优化选择问题的数学模型可表示为

$$\begin{cases}\min(A(x))\\ \min(D(x))\\ \min(C(x))\end{cases} \tag{4.2}$$

$$\begin{cases}\text{FIR} \geqslant \text{FIR}^*\\ \text{FDR} \geqslant \text{FDR}^*\end{cases} \tag{4.3}$$

其中,FDR,FIR 分别表示故障检测率与隔离率;FDR^*,FIR^* 表示要求的故障检测率、隔离率最低值;$A(x)$,$D(x)$,$C(x)$ 分别表示虚警率、测点数量、测试成本。应用层次贝叶斯网络求出的虚警矩阵求解以上指标,即

$$A(x) = 1 - \prod_{t^j \in T_z}(1 - pf_j) \tag{4.4}$$

其中,T_z 表示 z 层次的已选测试集合。$D(x)$ 即向量 X 中非零元素的数量。测试成本计算方法如下:

$$C(x) = \sum_{t^j \in T_z} c_{t^j} \tag{4.5}$$

其中,c_{t^j} 表示测试 t_j 的成本。

其他层次的各个单元也可按照该方法建立数学模型。

4.3　测试优化问题求解

4.3.1　相关概念

1. Pareto 最优解

Pareto[211,212] 解集定义如下[213]:

对于任意两个决策变量 x_a、$x_b \in x_f$,x_f 为可行解集合:

① $\forall i = \{1, 2, \cdots, k\}$: $f_i(x_a) \leqslant f_i(x_b)$;

② $\exists i = \{1, 2, \cdots, k\}$: $f_i(x_a) < f_i(x_b)$。

当且仅当满足以上两个条件时,称 x_a 支配 x_b。在决策空间中,存在一个决策向量集 X,X 不被任何决策向量支配,则 X 称为 Pareto 最优解,被该解集所支配的解称为支配解,双目标优化问题的 Pareto 解集如图 4.2 所示。

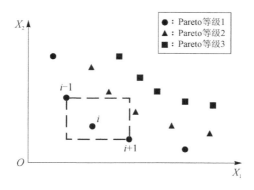

图 4.2　Pareto 最优解及其支配解

2. 参考点及相关概念

NSGA - 3引入了参考点来更好地执行精英保留策略,使得解在目标空间内更加均匀,其概念及计算方法如下:

利用边界交叉构造权重的方法在超平面上均匀地产生 C 个点,这些点就是参考点。设置方法如图 4.3 所示。NSGA - 3 算法通过个体关联参考点的方法来衡量目标空间的均匀程度[214]。

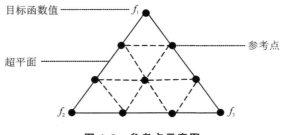

图 4.3　参考点示意图

超平面计算方法简述如下:

① 标准化:首先选取当前种群中每一维目标函数的最小值,计算出理想点,以理想点为原点,以目标函数为坐标轴,根据式(4.6)将个体标准化;

② 利用式(4.7)中 ASF 函数计算极值点,其中极值点是指个体某一维目标函数很大,其余维度目标函数很小的点,遍历种群,求得每个维度对应的极值点 z_i^{max};

③ 依据这些极值点构建超平面,超平面与坐标轴的交点即为截距 a_i,超平面如图 4.4 所示。

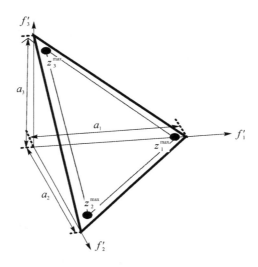

图 4.4　超平面示意图

$$f'_i(x) = f_i(x) - z_i^{\min} \tag{4.6}$$

$$\mathrm{ASF}(x,w) = \max_{i=1}^{M} f'_i(x)/w_i \tag{4.7}$$

个体关联参考点的方法如下：

① 构建参考点向量，即坐标系中参考点到原点的连线；

② 对种群中每个个体遍历参考向量，找到距离个体最近的参考点，记下关联信息与距离，个体与参考点完成关联，关联描述如图 4.5 所示。

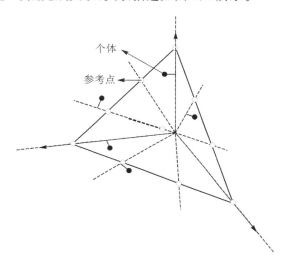

图 4.5　个体关联参考点示意图

4.3.2　几种多目标优化算法

1. NSGA‑3 优化算法

Srinivas 提出 NSGA 算法[215]，该算法采用非支配分层方法，在选择算子执行前根据支配关系进行了分层，最终可得到 Pareto 最优解；Deb[216] 提出了 NSGA‑2 算法，该算法加入了快速非支配排序法与精英策略，降低了计算复杂度与计算时间。NSGA‑2 算法在面对三个及以上目标的多目标优化问题（MaOPs）时，算法的收敛性与多样性不理想，易陷入局部最优。针对该问题，Deb 在 NSGA‑2 算法框架基础上用参考点方法替代了拥挤距离，提出了 NSGA‑3 算法[217]，该算法降低了时间复杂度，有效解决了多样性与收敛性问题，加快了搜索速度。NSGA‑3 算法实施步骤如图 4.6 所示。

① 确定种群规模 N，初始化种群；

② 确立理想点，对所有个体的目标值进行归一化，计算出极值点，构建超平面，确定参考点；

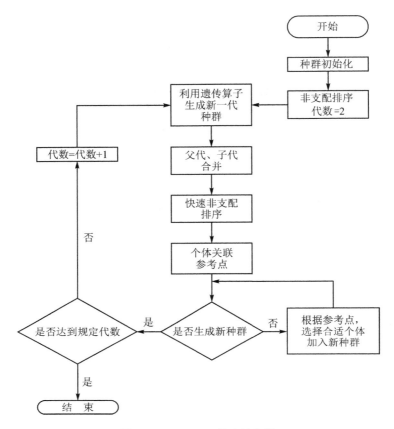

图 4.6　NGSA - 3 算法流程图

③ 对种群进行非支配排序；

④ 用遗传算子对种群进行操作，得到规模为 N 的子种群；

⑤ 合并两个种群，得到规模为 $2N$ 的种群，并进行快速非支配排序，确定非支配层次；

⑥ 按照非支配层次由小到大的顺序依次将个体加入下一代种群中，直至种群规模为 N，此时的非支配层次为 L；

⑦ 由于多数情况下第 L 层的个体无法全部加入其中，需要在 L 层中选择一部分个体放入下一代父代种群中。

⑧ 重复步骤④～⑧，直至完成规定代数，最终得到 Pareto 最优解，解码解集可得测试方案。

NSGA - 3 算法的优缺点总结如下：

优势：相比于传统多目标优化算法，由于采用超平面选取个体的方法，种群多样性更好，更适合具有 3 个及 3 个以上目标的优化问题。

缺陷:遗传算法自身存在搜索速度慢的缺陷。

2. 多目标粒子群算法

了解多目标粒子群算法前,首先需要介绍档案的概念:档案保存有当前粒子群与历史所有粒子群的综合 Pareto 最优解。粒子群的基本概念如下:

粒子当前位置 $X_i = \{x_{i1}, x_{i2}, \cdots, x_{in}\}$;

粒子自身搜索到的历史最优位置 $P_{id} = \{p_{i1}, p_{i1}, \cdots, p_{in}\}$;

粒子群搜索到的历史最优位置 $G_{id} = \{g_{i1}, g_{i1}, \cdots, g_{in}\}$。

粒子群的历史最优位置从档案中获取,若档案中解不止一个,则通过轮盘赌方法选择一个为历史最优位置;粒子自身的历史最优位置是通过不断与之前位置进行支配排序得到的:若新位置可支配自身历史最优位置,则历史最优位置更新,否则历史最优位置保持不变。

本节中粒子的编码方式采取二进制,二进制粒子群的速度与位置更新算法如下:

$$v_{id} = \omega \cdot v_{id} + c_1 \cdot \text{rand} \cdot (p_{id} - x_{id}) + c_2 \cdot \text{rand} \cdot (g_{id} - x_{id}) \qquad (4.8)$$

$$s(v_{id}) = \frac{1}{1 - \exp(-v_{id})} \qquad (4.9)$$

$$x_{id} = \begin{cases} 1, & \text{rand} \leqslant s(v_{id}) \\ 0, & \text{otherwise} \end{cases} \qquad (4.10)$$

其中,ω 为惯性常量,默认为 0.8;c_1,c_2 为学习因子;rand 为随机数。

多目标粒子群算法原理如下:① 随机生成初始种群,规模为 N,计算粒子群与粒子自身的最优位置,并将粒子群最优位置存入档案中;② 根据速度与位置更新算法更新粒子群;③ 根据规则更新档案与粒子自身的历史最优位置;④ 重复步骤②～③,直至完成规定代数。算法流程如图 4.7 所示。多目标粒子群算法收敛速度快,但算法容易停滞陷入局部最优。

4.3.3　基于 MOPSO – NSGA3 混合算法的多层次测试优化选择方法

1. MOSPO – NSGA3 混合算法实现

根据前两节对 NSGA – 3 与 MOPSO 算法的分析,发现两种算法优劣势存在互补的特点,考虑将二者进行结合,提出一种混合算法。

基本原理如下:

① 随机生成种群规模为 N 的初始种群;

② 利用 MOPSO 算法进化 M 代;

③ 根据非支配等级与拥挤度提取出种群前 $N/2$ 个个体,这 $N/2$ 个个体利用 MOPSO 算法继续进化 K 代;

④ 后 $N/2$ 个个体利用 NSGA – 3 算法进化 K 代;

⑤ 将分别通过两种算法进化 K 代的两个种群合并为一个规模为 N 的种群;

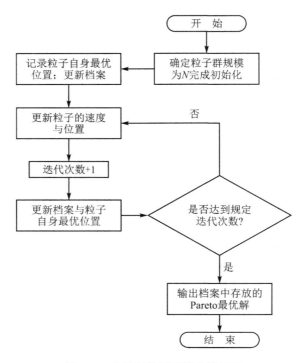

图 4.7　多目标粒子群算法流程图

⑥ 重复①～④,完成规定代数。

算法流程如图 4.8 所示。

2. 分层测试优化选择

对于多层次系统,需要开展分层测试优化选择工作,以系统层次与 LRU 层次为例,主要流程为:

① 根据系统层次的测试性指标约束条件开展测试优化选择工作,确定该层次的测试配置方案,并进行记录;

② 将在系统层次被选中的测试与 LRU 层次各单元中的待选测试相对应,为保证综合测试与单元测试不存在重复的测试项目,将这些在系统层次已选的测试在 LRU 层次对应单元的向量 X 中的编码设为恒值 1,即已被选中;

③ 根据 LRU 层次中各单元的测试性指标约束条件,针对各个单元开展测试优化选择工作,确定各个单元的测试配置方案。

基本流程描述如图 4.9 所示。

3. 实例分析

第 3 章装备系统为例,利用层次贝叶斯网络模型所计算出的不确定故障测试矩阵,完成针对装备的系统层次测试优化选择工作,系统层次测试成本如式(4.11)所

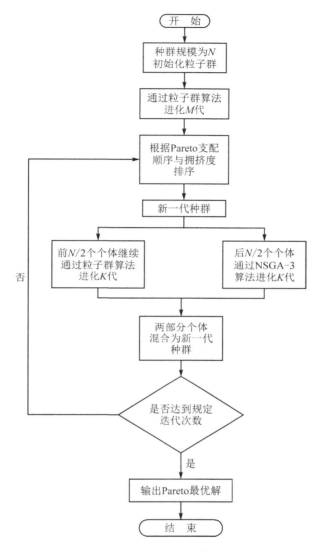

图 4.8　MOPSO－NSGA3 算法流程图

示,高度设备测试成本如式(4.12)所示,分别对应表 3.8 与表 3.7 自上而下的测试项目。

$$[1\ 1\ 1\ 1\ 1\ 4\ 3\ 2\ 5\ 3\ 3\ 2\ 3\ 1\ 1\ 1\ 3\ 4\ 3\ 3\ 5\ 4\ 4\ 2\ 3\ 3\ 2\ 2] \tag{4.11}$$

$$[2\ 2\ 4\ 2\ 3\ 3\ 2\ 4\ 5\ 2\ 5\ 3\ 2\ 1\ 1\ 1\ 3\ 3\ 2\ 3\ 1] \tag{4.12}$$

针对该对象,假设研究人员设置的指标要求为:故障检测率需达到 99.1% 以上,

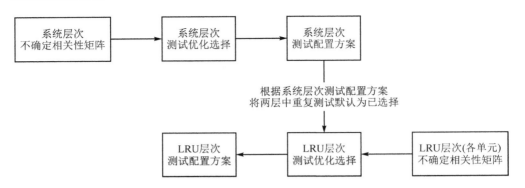

图 4.9 分层测试优化选择流程图

故障隔离率达到 69％以上,建立测试优化选择问题的数学模型如下式:

$$\begin{cases} \min(A(x)) \\ \min(D(x)) \\ \min(C(x)) \\ \text{FDR} \geqslant 99.1\% \\ \text{FIR} \geqslant 69\% \end{cases} \tag{4.13}$$

并且要求所有可被检测出的故障需要被隔离到故障所在单元。运用本章提出的 MOPSO - NSGA3 算法求解该问题,算法参数设置如表 4.1 所列,算法计算结果如表 4.2 所列。

表 4.1 参数设置

参　数	值	参　数	值	参　数	值	参　数	值
惯性常量 ω	0.8	种群规模	50	学习因子 c_1	0.2	学习因子 c_2	0.2
总迭代次数	40	迭代次数 M	5	变异概率	0.1	目标函数数量	3
迭代次数 K	5	交叉概率	0.8	约束条件数	2		

表 4.2 测试配置方案及相关评价指标

序　号	测试组合	数　量	成　本	虚警率/%	故障检测率/%	故障隔离率/%
1	111010101111110010011111111000011	22	61	5.63	99.14	70.27
2	110110101111110011111111001111000011	22	57	5.65	99.15	72.69
3	100100101111110010011111111111000111	21	62	5.56	99.14	69.78

同时利用 NSGA - 2 算法、多目标粒子群算法求解本例,迭代次数设置为 40 代,结果如表 4.3 所列。

表 4.3　测试配置方案及相关评价指标

算　法	测试组合	数　量	成　本	虚警率/%	故障检测率/%	故障隔离率/%
NSGA-2算法	1101001111110010011111111000111	22	63	5.75	99.15	71.12
多目标粒子群算法	1001101111110010011111111000111	22	63	5.74	99.14	78.24

　　将迭代次数设置为100代,利用本节算法、NSGA-2算法、多目标粒子群算法求解该实例,经验证,均可得到表4.3中的部分Pareto最优解。利用迭代过程,绘制三种优化指标在各算法下的变化曲线,如图4.10~图4.12所示。

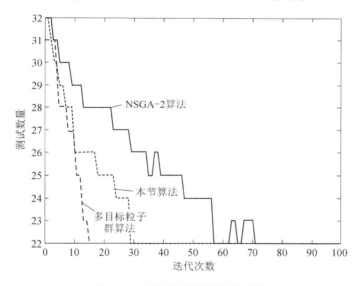

图 4.10　测试数量指标变化曲线

　　根据变化曲线与表4.2可以看出,NSGA-2算法虽能找到全局最优解,但收敛速度较慢,往往收敛于某一个测试选择方案,无法给出其他测试选择方案;而多目标粒子群算法收敛速度快,但极易落入局部最优或落入单个Pareto最优解,也无法给出其他的优化方案选择。而本节提出的NSGA-3与多目标粒子群混合算法在收敛速度快的同时具备全局搜索能力,可提供多个拥有不同侧重点的测试配置方案。

　　为使装备的综合测试与单元测试更加合理,减少重复的测试项目,优化二者的测试配置,现开展多层次的测试优化选择工作。仍以第3章中装备系统层次为例,以高度设备为LRU层次代表,利用本节算法给出装备的多层次测试优化选择方案。假设研发人员提出测试性指标要求为:装备系统层次故障检测率达到99.1%以上,

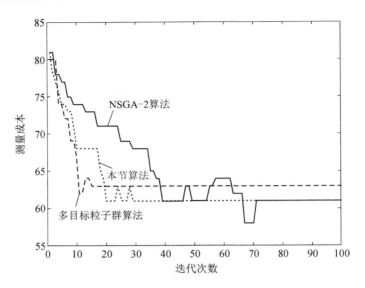

图 4.11 测试成本指标变化曲线

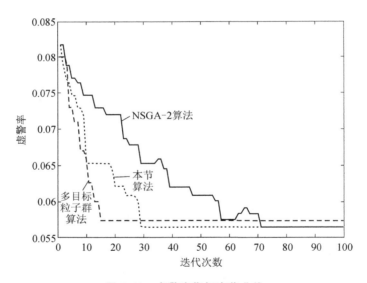

图 4.12 虚警率指标变化曲线

故障隔离率达到 95％以上，且要求系统层次的故障模糊组必须隔离至某一单元；高度设备的 LRU 层次的故障检测率达到 99％以上，故障隔离率达到 85％。

首先运用本节提出的 MOPSO－NSGA3 混合算法求解系统层次的测试配置方案，参数设置仍然采用表 4.1，计算结果如表 4.4 所列。

表 4.4　装备系统层测试配置方案及相关评价指标

序　号	测试组合	数　量	成　本	虚警率/%	故障检测率/%	故障隔离率/%
1	111111111111001111111111111100011	27	67	6.8	99.16	95.19

在系统层次测试配置方案的基础上开展高度设备单元测试的测试优化选择工作。

根据 3.5 小节建立的层次贝叶斯网络可知,高度设备所代表的 LRU 层次部分信号(测试)节点为输出信号(测试)节点,这意味着它们具备相同的物理含义,代表相同的测试项目,其中部分输出节点所表示的测试在系统层次已经被选择,默认在 LRU 层次中这些测试已存在,因而对于低层次的测试选择工作仅需在剩余未被高层次选中的测试集中进行。

根据对应关系,将系统层次的测试配置方案中对应高度设备的部分整理于表 4.5 中。

表 4.5　高度设备已有测试

单　元	测　试
高度设备	$t_{211}^{3}, t_{211}^{6}, t_{211}^{10}, t_{211}^{11}, t_{211}^{12}, t_{211}^{16}, t_{211}^{18}$

运用本节算法在剩余的待选测试集中开展测试优化选择工作,将优化结果计入表 4.6 中。

表 4.6　高度设备测试配置方案

测试组合	数　量	成　本	虚警率/%	故障检测率/%	故障隔离率/%
001001001111111111011	13	36	3.58	99.73	90.69

解算测试组合向量,并删除已在综合测试中选择过的测试项目,将结果记录于表 4.7 中。

表 4.7　删除掉系统层次测试后的测试配置方案

高度设备测试配置方案
$t_{211}^{9}, t_{211}^{13}, t_{211}^{14}, t_{211}^{15}, t_{211}^{17}, s_{211}^{2}$

至此完成装备多层次测试优化选择工作,得到装备各层次的测试配置方案,并且测试配置方案在考虑成本、测试数量的同时,对虚警进行了抑制。

4.4 诊断策略优化求解

4.4.1 问题分析

诊断策略优化设计是测试性设计工作的重要一环,诊断策略是综合考虑规定约束、目标和有关影响因素而确定的用于隔离产品故障的测试步骤或顺序。诊断策略优化将对测试成本、误诊代价与漏检代价等评价指标进行综合优化配置,从而以最经济、最可靠的方式满足故障隔离要求,最终使得系统故障诊断能力得到提升[219,220]。本节求解诊断策略优化问题的基本假设如下:① 单故障;② 二值测试,采用不确定相关性矩阵,因此不考虑信号节点四值问题;③ 测试独立;④ 系统状态恒定。

针对装备的诊断策略设计工作必然是多层次的,在不可靠测试条件下开展的。在诊断策略设计理论中,不可靠测试必然带来错误的诊断结论,具体有以下两种情况:

① 假设系统中实际发生故障 f_i,测试 t_i 本可以检测到该故障,但在实际检测过程中,测试错误未发出报警,那么系统必然判断故障 f_i 并未发生,导致隔离出错误的故障甚至判断为无故障状态;

② 假设系统中实际发生故障 f_i 或无故障,测试 t_i 本无法检测到该情况,但在实际检测过程中,测试错误发出报警,那么系统必然会通过一系列其余测试隔离出一个并未发生的故障模式或故障模糊组。

在诊断策略设计理论中,如图 4.13 所示,由于测试 t_j 发生虚警,导致 f_0(无故障)被漏检,f_1 被错误诊断出来。可见误诊与漏检情况是同时存在的,某故障被漏检,必然伴随着另一故障被错误检测、隔离,导致误诊,因而将两种代价合称测试错误代价。

对装备而言,除要考虑不可靠测试带来的误诊、漏检代价外,还需要对以下两个因素重点关注[222]:

① 测试成本:开展诊断策略设计最主要的优化指标便是测试成本,要求对装备状态进行测试时,根据计算出的诊断策略,可以付出最小的成本确定系统的状态或隔离故障。

② 故障隔离时间:由于系统的故障率一般并不高,系统最常处于无故障状态,但一旦发生故障,维护人员通常希望能够用最短的时间隔离故障,确定故障源以便进行维修。在本节中,缺少故障隔离时间相关数据,以隔离故障所需的测试个数代表故障隔离所需时间,因而以下提到的故障隔离时间,在应用中均用故障隔离所需测

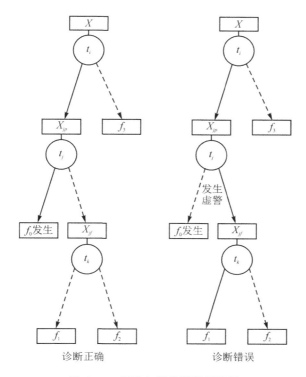

诊断正确　　　　　　　　　诊断错误

图 4.13　误诊与漏检情况示意图

试数量替代。

　　针对以上两个问题并结合装备测试性设计实际,提出诊断策略优化需求:

　　① 开展分层诊断策略设计;

　　② 综合考虑测试成本、故障隔离时间、测试错误代价三个评价指标,寻找能使三个评价指标达到综合最优的测试序列。

4.4.2　问题建模

　　根据 4.4.1 节的分析,装备的诊断策略优化问题本质上是一种多目标优化问题,现对该问题的求解方法进行分析。对待诊断策略的多目标优化情况,最常用的处理手段是构建目标函数或启发函数,将多目标融合为单目标进行优化设计,好处是较为简单,仅需修改目标函数便可以利用现有的许多种优化算法解决问题,但也存在较大的局限性。首当其冲的便是量纲不同、变化趋势与变化幅度都不同的两个或多个目标如何通过构建单一目标函数的方式进行有效的融合,又如何证明函数的有效性。

　　因此本节将问题还原为多目标优化问题进行研究。本节将建立该问题的数学模型。将诊断策略以故障诊断树[223,224]的形式表示,如图 4.14 所示。

为更好地解释评价指标,对需要考虑的因素罗列如下:

① 测试成本集合 $C = \{c_1, c_2, \cdots, c_m\}$,$c_i$ 表示进行测试 t_i 的成本;

② 测试时间集合 $D = \{d_1, d_2, \cdots, d_n\}$,$d_i$ 表示运行测试 t_i 的所需时间,默认都为 1,即采用测试数量代替;

③ 测试漏检代价集合 $MC = \{mc_1, mc_2, \cdots, mc_n\}$,$mc_i$ 表示故障 f_i 的漏检代价。其中,漏检代价表示系统中发生故障 f_i(若 $i = 0$ 表示系统无故障),但由于测试诊断错误,未检测出 f_i,反而检测出故障 f_j(若 $j = 0$ 表示系统无故障)发生,导致故障组件仍然留在模块中造成的损失。

④ 测试误诊代价集合 $FC = \{fc_1, fc_2, \cdots, fc_n\}$,$fc_i$ 表示故障 f_i 的误诊代价。其中,误诊代价表示系统中发生故障 f_j(若 $j = 0$ 表示系统无故障),但由于测试诊断错误,检测结果为发生故障 f_i(若 $i = 0$ 表示系统无故障),导致与 f_i 相关的正常组件被替换所引起不必要的维修费用。

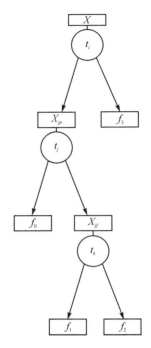

图 4.14 故障诊断树

诊断方案评价指标又是诊断策略的优化目标,诊断策略主要有三个评价指标:

① 平均测试成本:诊断策略对应的测试费用越低,即平均测试成本越低,诊断策略越优秀。平均测试费用如式(4.14)所示:

$$C_{\text{mean}} = \sum_{i=0}^{n} \left(\left(\sum_{c_j \in \text{TEST}(f_i)} c_{\text{TEST}(f_i)[j]} \right) \times P(f_i) \right) \quad (4.14)$$

其中,$\text{TEST}(f_i)$ 表示当前诊断策略中,隔离故障 f_i 所需要的测试序列;$c_{\text{TEST}(f_i)[j]}$ 表示该测试序列中第 j 个测试的成本。以图 4.14 为例,隔离故障 f_1 所需的测试集为 $\{t_i, t_j, t_k\}$。

② 平均故障隔离时间:隔离故障过程中需要的测试时间越少,诊断策略越优秀,本节以测试数量替代测试隔离时间。平均故障隔离时间如式(4.15)所示:

$$D_{\text{mean}} = \frac{\sum_{i=1}^{f_i} |\text{TEST}(f_i)| \times P(f_i)}{\sum_{i=1}^{f_i} P(f_i)} \quad (4.15)$$

其中,$|\text{TEST}(f_i)|$ 表示当前诊断策略中,隔离故障 f_i 的测试序列中测试的数量,需要注意的是此处为隔离故障所需的测试数量,因而不考虑无故障状态 f_0。

③ 平均测试错误代价：诊断过程中由于测试不可靠因素的存在，测试会发生错误，使得本应被检测出的故障被漏检，正常的元件反而被误诊，由此导致误诊与漏检代价叠加的情况。平均测试错误代价如式（4.16）所示：

$$EC_{\text{mean}} = \sum_{i=0}^{n} P(f_i) \times \left\{ \begin{array}{l} (1 - P(O = f_i \mid f_i)) \times mc_i + \\ \sum_{j=1}^{|\text{TEST}(f_i)|} \left[\begin{array}{l} P(\text{TEST}(f_i)[j] = \text{wrong} \mid \text{TEST}(f_i)[1 \sim (j-1)] = \\ \text{true}) \times \left(\sum_{f_k \in X_{\text{fail}}} (P(O = f_k \mid \text{TEST}(f_i)[j] = \text{wrong}) \times fc_k) \right) \end{array} \right] \end{array} \right\}$$

$$(4.16)$$

其中，$P(O = f_i \mid f_i)$ 表示系统正确隔离到故障或无法分解的故障模糊组 f_i 的概率；$P(\text{TEST}(f_i)[j] = \text{wrong} \mid \text{TEST}(f_i)[1 \sim (j-1)] = \text{true}$ 表示隔离故障的测试序列中第 j 个测试诊断出现错误，而之前的 $1 \sim (j-1)$ 个测试都诊断正确的概率；X_{fail} 表示若当前测试 t_j 诊断错误，故障所隔离到的错误故障集；$P(O = f_k \mid \text{TEST}(f_i)[j] = \text{wrong})$ 表示已知测试 $\text{TEST}(f_i)[j]$ 诊断错误，故障被错误隔离为 f_k 的概率，由式（4.17）进行计算：

$$P(O = f_k \mid \text{TEST}(f_i)[j] = \text{wrong})$$
$$= \prod_{p=j}^{|\text{TEST}(f_k)|} \left[P(\text{TEST}(f_k)[p] \mid f_i) \cdot d_{i(\text{TEST}(f_k)[p])} + \right.$$
$$\left. P(\text{TEST}(f_k)[p] \mid f_i) \cdot (1 - d_{i(\text{TEST}(f_k)[p])}) \right] \qquad (4.17)$$

其中，$P(\text{TEST}(f_k)[p] \mid f_i)$ 表示测试 $\text{TEST}(f_k)[p]$ 对故障 f_i 的检测概率。

本节以平均故障隔离时间、平均测试成本与平均测试错误代价为优化目标，因此在测试不可靠条件下，多目标诊断策略优化问题的数学模型为

$$\begin{cases} \min(EC_{\text{mean}}) \\ \min(C_{\text{mean}}) \\ \min(D_{\text{mean}}) \end{cases} \qquad (4.18)$$

4.4.3　基于多目标蚁群算法的多层次诊断策略优化设计方法

针对 4.4.1 节所述需求，本书第 3 章建立的层次贝叶斯网络模型可针对不同层次生成相应的故障-测试不确定矩阵。如构建系统层诊断策略时，模型建立仅反映 LRU 的故障与测试关系的矩阵；构建某个 LRU 的诊断策略时，模型建立仅反映 SRU 级别的故障与测试关系的矩阵。本章在此矩阵基础上利用优化算法开展工作。

1. 诊断策略优化设计方法

4.3 节中指出本章将诊断策略优化问题还原为多目标优化问题进行研究，由于涉及多目标优化问题，不得不考虑 Pareto 解的问题，DP（dynamic programming）算法与启发式搜索算法缺少反馈机制，难以进行 Pareto 排序以进行多目标优化，因而

选择群智能算法中的蚁群算法求解该问题,并进行改进,不需要将问题转化为最小完备测试序列问题再求解。

2. 单个蚂蚁的搜索过程

本节介绍搜索过程前,先定义节点的概念:蚁群中的每只蚂蚁是搜索的最小单位。蚂蚁从一个节点转移到另一个节点,主要指的是蚂蚁每一步所选择的测试。

假设有一故障集 X,算法以随机的方式决定蚂蚁的起始节点,以选择测试 t_i 为例,该测试将故障集 X 分解为子集 X_{jp} 与 X_{jf},如图 4.15 所示。

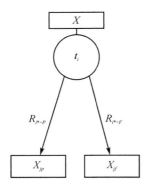

图 4.15 节点路径示意图

此时蚂蚁有两条路径选择,一种为测试 t_i 通过,得到诊断结论子集 X_{jp} 的路径 R_{i*-P},另一条则为 R_{i*-F},两条路径都并未被标记过。本算法的蚂蚁搜索采取 R_{i*-P} 优先原则,即若蚂蚁面向两条都没标记的路径,则选择路径 R_{i*-P} 开展下一步搜索(根据信息素与启发函数选择下一个测试,具体在后几小节中介绍),并标记此路径。不断重复该过程,直至搜索到无法再继续分解的故障集合(仅含一个故障或多个无法隔离故障的故障模糊组)。然后蚂蚁向上回溯,重新回到上一个测试节点处,此时判断 R_{i*-P}、R_{i*-F} 是否被标记,若只标记了 R_{i*-P},则选择 R_{i*-F} 开展搜索,若两条路径都已被标记,则蚂蚁继续向上回溯。蚂蚁搜索过程如图 4.16 所示。

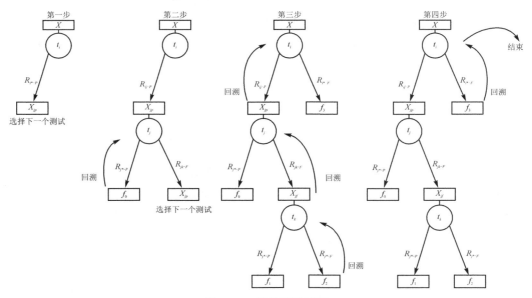

图 4.16 蚂蚁搜索过程

3. 启发式评价函数

本章综合研究了不可靠测试条件下故障测试的相关关系以及测试错误导致的代价,采用可以综合评价测试性能的启发式评价函数来选择下一步测试。启发式评价函数介绍如下:

预估错误代价:

$$EC(X;t_j) = \sum_{f_i \in X} \left\{ \frac{P(f_i)}{P(X)} (d_{ij}(1-pd_{ij})MC_i + (1-d_{ij})pf_jFC_i) \right\} \quad (4.19)$$

测试信息量:

$$IG(X,t_j) = -\{p(X_{jp})\log_2 p(X_{jp}) + p(X_{jf})\log_2 p(X_{jf})\} \quad (4.20)$$

其中,X_{jp}、X_{jf} 表示测试 t_j 检测完成后,原有故障集根据与测试 t_j 相关与否,分为不相关测试子集 X_{jp} 与相关测试子集 X_{jf}。

启发式评价函数:

$$k^*(t_j) = \arg\max_j \left\{ \frac{IG(X;t_j)}{c_j + EC(X;t_j)} \right\} \quad (4.21)$$

4. 信息素更新

对于单目标问题,信息素更新是通过对每只蚂蚁搜索到的策略进行评价,并将评价结果量化反馈在信息素更新中。而对于多目标蚁群算法,由于目标不止一个,实际情况中各目标甚至是相冲突的,无法简单地通过对单一目标的评价来更新信息素,考虑这一问题并结合诊断策略优化问题的实际需求,本章设计了一种基于 Pareto 最优解的信息素更新原则。

与单目标蚁群算法相比而言,多目标蚁群针对不同目标会释放不同的信息素。诊断策略优化问题中,应有三种信息素,用 τ^1,τ^2,τ^3 表示,分别代表平均测试费用、平均故障隔离时间与平均测试错误代价两个目标的信息素浓度。每个信息都含有与之对应的权重 ϖ^1,ϖ^2,权重系数根据目标的重要程度由研发人员确定,两者间关系为 $\varpi^1 + \varpi^2 + \varpi^3 = 1$。多目标问题中利用信息素加权和 $\varpi^1 \times \tau^1 + \varpi^2 \times \tau^2 + \varpi^3 \times \tau^3$ 替代单目标问题中的单一信息素 τ。针对诊断策略优化问题,信息素函数定义如下:

$$\begin{cases} \tau_{ij-P}(t) = \varpi_1 \times \tau_{ij-P}^1(t) + \varpi_2 \times \tau_{ij-P}^2(t) + \varpi_3 \times \tau_{ij-P}^3(t) \\ \tau_{ij-F}(t) = \varpi_1 \times \tau_{ij-F}^1(t) + \varpi_2 \times \tau_{ij-F}^2(t) + \varpi_3 \times \tau_{ij-F}^3(t) \end{cases} \quad (4.22)$$

其中,τ_{ij-P},τ_{ij-F} 分别表示路径 R_{ij-P},R_{ij-F} 所含的信息素浓度。信息素更新公式如下:

$$\begin{cases} \tau_{ij-P}^{1/2/3}(t+1) = \delta \times \tau_{ij-P}^{1/2/3}(t) + \sum_{x_k \in X} \Delta\tau_{ij-P}^{1/2/3}(t) \\ \tau_{ij-F}^{1/2/3}(t+1) = \delta \times \tau_{ij-F}^{1/2/3}(t) + \sum_{x_k \in X} \Delta\tau_{ij-F}^{1/2/3}(t) \end{cases} \quad (4.23)$$

其中,δ 表示信息素挥发因子,设置为 0.7,$x_k \in X$ 表示 Pareto 最优解集 X 中的第 k

个解，$\Delta\tau_{ij-P}^{1/2/3}(t)$，$\Delta\tau_{ij-F}^{1/2/3}(t)$ 表示因 Pareto 最优解中包含这段路径所带来的信息素增量。信息素增量计算如下：

$$
\begin{cases}
\Delta\tau_{ij-P}^{1}(t)=\dfrac{1}{C_{\text{mean}}} \\[2mm]
\Delta\tau_{ij-F}^{1}(t)=\dfrac{1}{C_{\text{mean}}} \\[2mm]
\Delta\tau_{ij-P}^{2}(t)=\dfrac{1}{D_{\text{mean}}} \\[2mm]
\Delta\tau_{ij-F}^{2}(t)=\dfrac{1}{D_{\text{mean}}} \\[2mm]
\Delta\tau_{ij-P}^{3}(t)=\dfrac{1}{EC_{\text{mean}}} \\[2mm]
\Delta\tau_{ij-F}^{3}(t)=\dfrac{1}{EC_{\text{mean}}}
\end{cases}
\tag{4.24}
$$

5. 节点选择与诊断策略构建

每只蚂蚁随机确定起始节点后，它们通过计算由启发函数值与信息素浓度决定的概率值来确定下一个节点，选择原则采取随机比例方式。概率计算如下：

$$
P_{ij-F}^{k}=\begin{cases}\dfrac{[\tau_{ij-F}(t)]^{\alpha}[k^{*}(t_j)]^{\beta}}{\sum_{t_j\in J_k}[\tau_{ij-F}(t)]^{\alpha}[k^{*}(t_j)]^{\beta}}, & j\in J_k \\[4mm] 0, & \text{otherwise}\end{cases}
\tag{4.25}
$$

$$
P_{ij-0}^{k}=\begin{cases}\dfrac{[\tau_{ij-0}(t)]^{\alpha}[k^{*}(t_j)]^{\beta}}{\sum_{t_j\in J_k}[\tau_{ij-0}(t)]^{\alpha}[k^{*}(t_j)]^{\beta}}, & j\in J_k \\[4mm] 0, & \text{otherwise}\end{cases}
\tag{4.26}
$$

其中，J_k 表示待选测试集；P_{ij-1}^{k} 表示当前处于节点 t_i 的蚂蚁 k 通过路径 R_{ij-1} 选择节点 t_j 为其下一节点的概率，P_{ij-0}^{k} 同理；α,β 分别为表示信息素与启发函数重要程度的因子。

综上所述，诊断策略构建过程步骤如下：

① 随机给定蚂蚁 k 的起始节点；

② 蚂蚁 k 按照 R_{*-P} 路径优先原则选择路径，并进行标记；

③ 蚂蚁 k 根据式(4.24)、式(4.25)计算各个待选测试的被选概率，并遵循随机比例原则确定下一个节点；

④ 重复步骤②～③直至隔离出某故障；

⑤ 判断故障是否全部隔离完毕，若是则蚂蚁 k 结束循环，根据蚂蚁经过的路径与节点信息，反馈诊断策略，若否则进行下一步；

⑥ 判断蚂蚁 k 当前所在节点是否两条路径都已被标记,若是则进行下一步,若否则返回步骤②;

⑦ 蚂蚁返回上一节点,并重新执行步骤⑥。

流程图如图 4.17 所示。

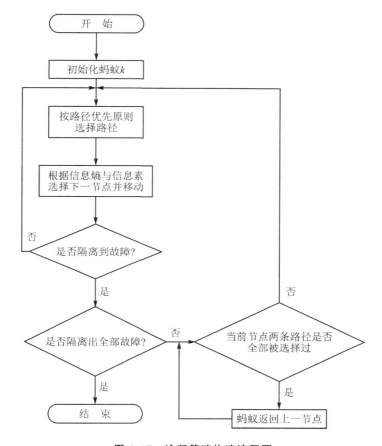

图 4.17　诊断策略构建流程图

6. 多目标蚁群算法实现

多目标蚁群算法流程如下:

① 确定种群初始规模为 N 后,每只蚂蚁按照 4.4.3 节第 5 小节的策略构建过程进行搜索,使蚁群进行迭代;

② 确定当前一代蚁群所构建的诊断策略的 Pareto 最优解;

③ 更新信息素信息;

④ 判断迭代次数是否达到规定要求,若达到终止迭代,则从所有代数的总的 Pareto 最优解中解算出最优的诊断策略,否则返回步骤①。

算法流程如图 4.18 所示。

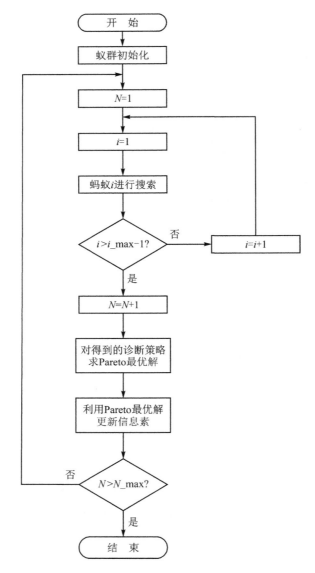

图 4.18　多目标蚁群算法流程图

7. 基于多目标蚁群算法的分层诊断策略构建

对于装备中的多层次系统,要采取分层诊断方法,其基本流程如图 4.19 所示。

由图可知,本章利用多目标蚁群算法隔离每一层次的故障,通过不断向下迭代,直至隔离到要求层次的故障,完成诊断工作,输出诊断结果。

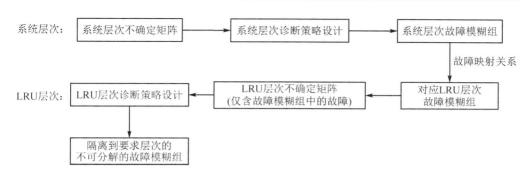

图 4.19 分层诊断流程图

8. 实例分析

以 3.5 小节中的装备系统层次与高度设备所表示的 LRU 层次为例,开展诊断策略设计工作,测试配置方案采纳 4.3.3 节第 3 小节中所计算出的装备多层次测试优化选择结果,不确定相关矩阵、虚警矩阵依照图 3.18～图 3.21 所示,两层次测试成本依照式(4.11)、式(4.12),系统层次的误诊代价与漏检代价参考式(4.27)、式(4.28),由于测试优化选择的原因,故障 f_{31}～f_{34} 处于一故障模糊组中无法隔离,因而在式中合为一组,加上无故障状态,合计 34 组代价。

$$[0\ 1\ 1\ 1\ 1\ 1\ 1\ 3\ 5\ 3\ 2\ 2\ 2\ 1\ 2\ 3\ 7\ 3\ 2\ 2\ 5\ 2\ 5\ 3\ 2\ 1\ 1\ 5\ 5\ 3\ 5\ 3]$$
$$(4.27)$$

$$[0\ 3\ 3\ 3\ 3\ 3\ 3\ 5\ 5\ 3\ 1\ 2\ 1.5\ 1\ 2\ 3\ 3\ 2\ 5\ 5\ 2\ 5\ 3\ 2\ 2\ 5\ 1.5\ 1.5\ 3\ 2]$$
$$(4.28)$$

首先建立该实例的数学模型,与式(4.17)相同,两层次的数学模型均采用该式。

然后运用提出的多目标蚁群算法,算法参数设置如表 4.8 所列。

表 4.8 参数设置

蚁群中个体数量	迭代次数	信息素重要程度因子 α	启发函数重要程度因子 β	$\varpi^1, \varpi^2, \varpi^3$	信息素挥发因子 δ
60	50	2	1	1/3	0.7

针对导弹系统层次开展工作,将计算出的两组诊断策略方案记录在表 4.9 中。

表 4.9 诊断策略备选方案

方案名称	成本	误诊漏检费用	测试时间(数量)
方案 1	46.963 8	8.900 3	6.770 9
方案 2	46.964 0	9.08	6.376 0

将方案 1 与方案 2 以故障诊断树的形式记录在图 4.20 和图 4.21 中。

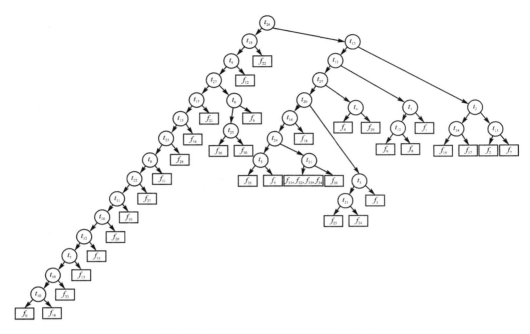

图 4.20 装备系统层次诊断策略(方案 1)

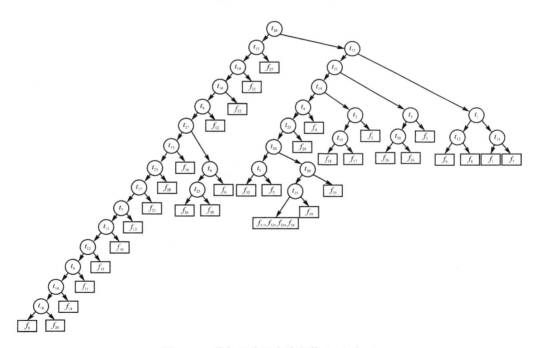

图 4.21 装备系统层次诊断策略(方案 2)

　　选择表 4.9 中的方案 2 作为装备的诊断策略,根据计算得出的故障诊断树(见图 4.21),依据分层诊断流程,将高度设备相关故障对应的末节点继续向下延伸,开展高度设备的诊断策略设计工作。

　　根据表 4.9、故障映射关系以及 4.3.3 节计算出的测试配置方案,得到表 4.10 中的信息。

表 4.10　相关信息表

条　件	故障模糊组
系统层次中对应于高度表可继续分解的故障	系统层次:f_8,f_9
根据故障映射关系,系统层次故障 f_8 可分解为	高度表:$\{f_2,f_3,f_4,f_6,f_7,f_9,f_{10},f_{11}\}$,$f_{15}$,$f_{17}$,$f_{18}$,$f_{23}$
根据故障映射关系,系统层次故障 f_9 可分解为	高度表:f_{16},f_{20},f_{21}
完成系统层诊断后,高度表已隔离出的故障	高度表:f_8,f_{12},f_{13},f_{14},f_{19},f_{22}
完成系统层诊断后,高度表中无法继续分解的故障模糊组	高度表:$\{f_1,f_5\}$
高度表:测试错误,$\{f_2,f_3,f_4,f_6,f_7,f_9,f_{10},f_{11}\}$,$f_{15}$,$f_{17}$,$f_{18}$,$f_{23}$ 对应的漏检代价	[0　3　4　3　2　1.5]
高度表:测试错误,$\{f_2,f_3,f_4,f_6,f_7,f_9,f_{10},f_{11}\}$,$f_{15}$,$f_{17}$,$f_{18}$,$f_{23}$ 对应的误诊代价	[0　3　2　3　4　4]
高度表:测试错误,f_{16},f_{20},f_{21} 对应的漏检代价	[0　3　2　4]
高度表:测试错误,f_{16},f_{20},f_{21} 对应的误诊代价	[0　3　3　4]

　　从表 4.10 中可以看出,隔离到系统层次故障 f_8 或 f_9 后,可根据故障映射关系,开展单元测试,继续向下隔离。运用多目标蚁群算法进行以高度设备为代表的 LRU 层次的诊断策略优化设计,对应于两个故障集得到多组诊断树,从中选取两组作为高度设备的诊断策略,并记录于图 4.22 与图 4.23 中。

　　两个诊断策略方案的相关指标分别记录于表 4.11 与表 4.12 中。

表 4.11　诊断策略评价指标表 1

方案名称	成　本	误诊漏检费用	测试时间(数量)
方案 1	3.81	1.04	2.29
方案 2(图 4.22 所示方案)	4.23	0.68	2.29
方案 3	6.19	0.65	2.63

表 4.12　诊断策略评价指标表 2

方案名称	成　本	误诊漏检费用	测试时间(数量)
图 4.23 所示方案	2.621 8	0.584 9	1.538 7

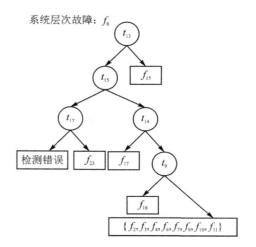

系统层次故障：f_8

图 4.22 高度设备的故障诊断树（系统层次 f_8：高度表失效）

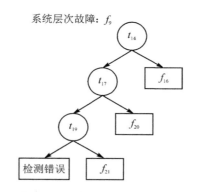

系统层次故障：f_9

图 4.23 高度设备的故障诊断树（系统层次 f_9：高度跟踪失败）

需要注意的是，针对系统层故障 f_8 的优化方案是选取表 4.11 中的方案 2，因为该方案在考虑漏检费用的同时，较好地兼顾了成本与测试时间。

至此完成针对装备的多层次诊断策略设计工作，通过图 4.20、图 4.21、图 4.22 的故障诊断树可以看出，利用本节提出的多目标蚁群算法所构建的诊断策略开展测试工作时仅需首先进行综合测试即可，若检测到故障，再根据实际情况运行单元测试隔离故障，若未检测到故障，则测试完成。通过这种方式使得单元测试与综合测试能够有效结合，降低测试时间，提高测试效率，向联合测试方向发展，且在测试、诊断过程中可以很好地平衡测试成本、测试时间与测试错误代价。以系统无故障为例，运用本章算法得到的诊断策略，可以在保证低概率发生误诊、漏检现象的前提下，最大程度降低测试成本。由于总的来说装备的故障率是极低的，因此这样做可以最大程度节约成本，有效降低装备全寿命周期费用。

第5章 测试性验证建模

5.1 概　述

通过分析前面有关测试性验证技术的研究现状可以看出,针对武器装备运用测试性先验信息已然成为测试性验证试验实施过程中一个必不可少的环节,因此当前基于小子样理论的测试性验证技术确实得到了快速的发展。同时,通过综述相关文献可以得到,在小子样条件下,无论是故障样本量确定、故障样本量分配,还是测试性指标评估,首要前提是获取研究对象的后验分布模型,通过后验分布模型确定样本,然后实施分配,再通过故障注入的检验/隔离情况实现对测试性水平的评估。但现有的研究仅局限于测试性验证单一技术的研究,即未能考虑样本量确定、样本量分配以及指标评估三者之间的关联性,导致工程中基于小子样理论的测试性验证试验无法系统性的开展,不具备普适性,难以为工程实践提供理论指导及技术支撑。

此外,现有基于测试性先验信息所提出的测试性验证方案大多是针对装备整机系统而提出的,但对实际装备系统而言,由于具备复杂的系统结构,往往开展验证组织困难、耗费巨大,因此实际的系统级先验信息极度匮乏,导致基于装备整机先验信息的验证方法难以适用。

5.2 系统层次划分

模块化、层次化已经是现代高精端武器装备的显著特性,这种多层次复杂装备系统目前在可靠性、维修性以及测试性等严苛要求的领域中得到了广泛的应用。因此研究装备系统结构层次划分,一方面有助于了解各组成单元间的相互联系和相互作用,另一方面梳理先验信息的来源途径,是保证测试性验证试验系统化实施的重要保证。对系统实施层次划分,需要从划分需求和划分原则两方面进行论述。

5.2.1 层次划分需求

以装备的功能需求进行划分,可以将构成系统的若干相互关联的单元划分为若干不同的层级,按装备功能从简单到复杂划分为 8 个层次,其纵向排列顺序为:零件、部件、组件、单元件、机组、装置、分系统以及系统,同时指明标准适用于装备试验、分配与评定等技术文件。以装备测试性设计需求进行划分,可以将构成系统的若干单元根据不同测试维修活动划分为多个等级,TEAMS 软件根据测试性设计和分析需求,将系统划分为 8 个层次等级,其由简单到复杂的纵向排序为:故障模式、元件、子模块、模块、SRU、LRU、分系统(子系统)以及系统。显然对于同一系统而言,如果考虑划分的角度不同,则不同的划分标准将得到不同的划分结果,需根据划分的目的进行选择。

考虑测试性验证试验实施时,侧重于故障模式这一层次需求,因此 TEAMS 软件更适用于系统的测试性设计及验证实施环节,但不同的验证实施场合,故障单元定位和系统约定层次划分密切相关,约定层次不同,故障单元定位亦不同。事实上,装备系统在实际运行中,由于受限于环境、测试手段和验证周期等方方面面的制约,在进行故障检测/隔离时定位到唯一的故障模式是不切合实际的,也是无必要的,因此需要综合 TEAMS 软件划分原则和装备约定层次对系统进行划分,有助于根据划分结果确定不同层级单元的先验信息以及更准确地进行样本分配。

5.2.2 层次划分原则

在测试性验证试验实施过程中,层次划分的合理性和科学性是保证模型准确、数据来源可靠的前提,为了保证系统层次划分的准确性,装备系统层次划分应当遵循以下原则:

(1) 采用自上向下的划分原则

① 纵向结构划分:复杂系统层次划分应当切合故障样本量分配思路,即分配是以自上而下的原则实施的,将系统故障样本逐层分解,最终构建约定层级的故障模式集。这种自上而下的方式能够有助于梳理系统故障模式的层次结构,当系统表征出故障时,需要按自上而下的原则先分析其下一层级单元,再定位更下一层级单元,逐层递进,逐层分解,直至约定层级。

② 横向结构划分:现阶段对于装备某些单元的测试组件,虽然作为独立的存在,但开展测试性验证试验时仍会并入装备系统回路中,因此考虑装备横向结构为系统单元自身具备逻辑关联的部件,横向结构作为装备纵向结构的延伸,按其结构间的隶属关系进行划分。

(2) 采用需求牵引的原则

层次划分要紧贴装备系统各组成部分之间的功能特性和结构关系,按照功能由大到小的逻辑将一个复杂装备系统的总体功能分解为一定数量的相对独立的子功能,完成这些子功能的各个单元则构成一个层级,其中某一个单元所具备的功能又能进行下一步的分解,构成其下层级的单元,因此上下层级单元间就具备了结构间的隶属关系。而约定层级则需要依据开展测试性验证试验的最小单元的需求进行选取,需求约束条件下则能最大程度地在保证系统层次划分合理性和科学性的基础上运用各层级单元的先验信息。

按照上述层次划分需求和原则对装备系统进行划分,能够直观反映装备系统的层次结构和隶属关系,同时能充分描述各单元的测试性先验信息,为下一步建立测试性验证模型提供保证。

5.3　三维贝叶斯网络测试性验证模型

5.3.1　模型建立

贝叶斯网络模型是描述随机变量间相互依赖及其独立关系的一种有向无环图模型,具备表示和推理不确定性知识的能力,现已广泛应用于目标识别、可靠性分析、数据挖掘、信息融合等众多领域。可见,其除具备强大的建模能力之外,还具备完美的融合推理能力,贝叶斯网络中的任一节点均包含一个先验分布,能有效融合先验信息,结合实际试验数据完成网络的推理和查询。经典贝叶斯网络模型定义如下:

定义 5.1　贝叶斯网络。一个贝叶斯网络由一个有向无环图(directed acyclic graph,DAG)和条件概率分布(condition probability distribution,CPD)集两部分组成,用符号表示为 $B=\langle G,P\rangle$,其中:

①　$G=\langle V,E\rangle$ 即表示 DAG,V 代表节点集,其中的每个节点均表示一个随机变量,E 表示有向边集,描述不同变量之间的依赖关系;

②　P 即表示 CPD 集,描述变量之间的相互依赖程度。

根据定义 5.1,假设节点集为 $V=\{X_1,X_2,\cdots,X_n\}$,则联合概率分布(考虑随机变量为离散变量)可以通过下式获取:

$$P(V)=\prod_{i=1}^{n}P(X_i\mid pa(X_i)) \tag{5.1}$$

式中,$pa(X_i)$ 表示任一变量 $X_i(i=1,2,\cdots,n)$ 在 G 中的父节点集。

式(5.1)表明:①贝叶斯网络的引入能描述结构中存在的条件独立性,能指数级降低联合分布的计算复杂度,一定程度上解决联合概率分布的组合爆炸难题(NP-Hard 问题);②贝叶斯网络能实现定量表示和定性表示的分离,有助基于知识进行建模。

根据以上经典贝叶斯网络的定义及对指定领域建模的步骤可知,若采用经典贝叶斯网络建模方法构建测试性验证模型:在网络结构学习方面,如果不考虑武器装备系统的结构层次特性,会极大地制约贝叶斯网络结构的确定,增加构建模型的复杂度;在条件概率的参数学习方面,无法充分反映装备层次结构中所蕴含的条件独立性以及无法对节点所具备的先验信息进行表示,增加了参数学习的复杂性,同时忽略了装备不同层级中节点所具备的先验信息。因此,对于复杂装备而言,基于经典贝叶斯网络构建测试性验证模型无法保证建模后结构的准确性,以及无法有效降低参数学习的复杂程度,同时模型对于各节点先验信息也没有有效的表达途径。

通过层次划分需求和划分原则对装备系统进行层次划分,考虑充分运用问题域中的多源先验信息,给出基于三维贝叶斯网络的测试性验证总体模型(下文简称为 TBN 验证模型)的定义,旨在运用装备系统中纵向和横向结构特性及蕴含的先验信息。为了得到 TBN 验证模型的定义,需重新定义组成网络模型的几个核心要素:

定义 5.2 层次节点。考虑模型层次化特性,将组成 TBN 验证模型的节点称为层次节点,用符号表示为 $X^i_{(x,y,z)}$,其中:

① 下标 x,y 和 z 构成 TBN 验证模型的三个坐标轴,反映出装备系统纵向结构和横向结构的划分,且 $x,y,z \in \mathbf{N}$。z 轴表示层级划分维,用于描述装备系统纵向结构划分,若 $z=0,1,\cdots,n$,则 TBN 验证模型的层级划分数为 $n+1$;x 轴表示层次划分维,用于描述装备系统横向结构划分,若 $x=0,1,\cdots,m$,则 TBN 验证模型的层次划分数为 $m+1$;y 轴表示输入因子维,用于描述装备系统横向结构和纵向结构所确定的单元数。

② 上标 $i=$ Ⅰ,Ⅱ,Ⅲ,表示三种不同类型的层次节点。当 $i=$ Ⅰ 时,$X^{\mathrm{I}}_{(x,y,z)}$ 表示为无父节点类型的层次节点;当 $i=$ Ⅱ 时,$X^{\mathrm{II}}_{(x,y,z)}$ 表示为仅具备上层父节点类型的层次节点;当 $i=$ Ⅲ 时,$X^{\mathrm{III}}_{(x,y,z)}$ 表示为至少具备本层父节点类型的层次节点。

由定义 5.2 可进一步对 TBN 验证模型的网络节点进行描述:所有 $X^i_{(x,y,z)}$ 的集合构成 TBN 验证模型的网络节点,用符号表示为 $H=\{X^i_{(x,y,z)} \mid x,y,z \in \mathbf{N}\}$;相应的,用符号 $H \mid z=l (l \in \mathbf{N}$ 且 $0 \leqslant l \leqslant n)$ 表示第 $z=l$ 层级的层次节点集合,同时约定 $H \mid z=0$ 所在平面为第 1 层,$H \mid z=l$ 所在平面为第 $l+1$ 层。

定义 5.3 层级。定义由 TBN 验证模型中任一层中的层次节点集、有向边集、层次节点输入集以及层次节点输出集所构成的四元组称为层级,用符号表示为 H_{z+1},且有 $H_{z+1}=\langle H \mid z, E, A_{\mathrm{I}}, A_{\mathrm{O}}\rangle$,其中:

① 当 z 给定时,H_{z+1} 即代表第 $z+1$ 层级,则 $H \mid z$ 代表 z 给定时第 $z+1$ 层级的层次节点集。

② E 为第 $z+1$ 层级中的有向边集,若给定 $H \mid z$ 中任意 2 个层次节点 $X^i_{(x1,y1,z)}$ 和 $X^i_{(x2,y2,z)}(x1 \neq x2)$,假设存在 $X^i_{(x1,y1,z)}$ 指向 $X^i_{(x2,y2,z)}$ 的有向边,用符号表示为 $X^i_{(x1,y1,z)} \rightarrow X^i_{(x2,y2,z)}$,则称 $X^i_{(x1,y1,z)}$ 为 $N^i_{(x2,y2,z)}$ 的父层次节点。

③ A_{I} 为 H_{z+1} 中层次节点集 $H \mid z$ 的 n_{z+1} 个输入构成的集合,表示为 $A_{\mathrm{I}}=\{\bigcup\limits_{i=1}^{n_{z+1}} I_i\}$。集合 A_{I} 中任一个变量 $I_i \in A_{\mathrm{I}}$ 均包含一个定义域 $D(I_i)$ 和值域 $R(I_i)$,同

时满足 $D(I_i) \subseteq H \mid z$。

④ A_O 表示 H_{z+1} 中层次节点集 $H \mid z$ 的 m_{z+1} 个输出构成的集合,表示为 $A_O = \{\bigcup\limits_{j=1}^{m_{z+1}} O_j\}$。集合 A_O 中任一变量 $O_j \in A_O$ 均包含一个定义域 $D(O_j)$ 和值域 $R(O_j)$,同时满足 $D(O_j) \subseteq H \mid z$。

由定义 5.3 可对层级 H_{z+1} 中层次节点进行以下规范化约束:

① 假设层级 H_{z+1} 中一些层次节点构成的集合为 $H^{x+1} \subset H \mid z$,如果 H^{x+1} 在 H_{z+1} 中无父层次节点,即 H_{z+1} 中其他层次节点集 $\{X_{(x,y,z)}^i \mid X_{(x,y,z)}^i \in H \mid z, X_{(x,y,z)}^i \notin H^{x+1}\}$ 中不存在指向节点集 H^{x+1} 中任一层次节点的有向边,为了对层次进行规范化排序,将此时的集合 H^{x+1} 称为 H_{z+1} 层级中第 1 层次的节点集,约定符号 $H^1 \mid x = 0$ 进行表示。

② 进一步,随 x 取值变化,$H^{x+1} \mid x$ 则表示 H_{z+1} 层级中第 $x+1$ 层次的节点集,若给定 $x = h$,则 $H^{x+1} \mid x = h$ 为父层次节点集 $pa(H^{x+1} \mid x = h+1)$ 去除父层次节点集 $pa(H^{x+1} \mid x = h)$ 得到的节点集合,记为 $pa(H^{x+1} \mid x = h+1) \backslash pa(H^{x+1} \mid x = h)$,这样做的好处是保证 $H^{x+1} \mid x = h$ 在去除其下一层次的节点集合后无父层次节点,使得层级 H_{z+1} 中层次能规范化表示。

③ 为进一步规范化表示,选择 H_{z+1} 层级中第 $H^{x+1} \mid x$ 层次节点集中任一节点 $X_{(x,y,z)}^i \in (H_{z+1} : H^{x+1} \mid x)$,将从每一层级和每一层次所选择的节点构成一个集合,同时令 $y = 0$,则有 $\{\bigcup\limits_{x=0}^{m} \bigcup\limits_{z=0}^{n} (X_{(x,y,z)}^i \in (H_{z+1} : H^{x+1} \mid x)) \mid y = 0\}$,依次类推,按 y 的取值进行规范化排序。这样做的好处是 y 轴各层次节点在同一层级以及同一层次下相互独立,则 y 的取值能通过以上规范化后的 TBN 验证模型直观反映出来,即代表 H_{z+1} 层级中第 $H^{x+1} \mid x$ 层次中的层次节点数量。

定义 5.4　输入模块。构建每一层级中 A_I 所包含变量的值域的集合 $I_M = \{\bigcup\limits_{z=0}^{n} (H_{z+1} : R(A_I))\}$,将 I_M 称为输入模块。其中:$H_{z+1} : R(A_I)$ 代表层级 H_{z+1} 中 A_I 中每个变量值域的集合。

定义 5.5　输出模块。构建每一层级中 A_O 所包含变量的值域的集合 $O_M = \{\bigcup\limits_{z=0}^{n} (H_{z+1} : R(A_O))\}$,将 O_M 称为输入模块。其中:$H_{z+1} : R(A_O)$ 代表层级 H_{z+1} 中 A_O 中每个变量值域的集合。

定义 5.6　数据处理模块。构建 TBN 验证模型中所有层级内数据处理单元 D_I^{z+1} 和相邻层级间数据处理单元 $D_B^{z+1 \to z+2}$ 的集合 $D_M = \{\bigcup\limits_{z=0}^{n} (D_I^{z+1} \bigcup D_B^{z+1 \to z+2})\}$,将 D_M 称为 TBN 验证模型的数据处理模块,其中:

① 数据处理模块 D_M 具备层级内和层级间存储数据以及实现数据融合的功能;

② 当 z 给定时，D_I^{z+1} 主要用来对第 $z+1$ 层级内的输入 $H_{z+1}:R(A_I)$ 进行处理及存储；

③ 当 z 给定时，$D_B^{z+1 \to z+2}$ 主要用来对第 $z+1$ 层级的输出 $H_{z+1}:R(A_O)$ 进行处理及存储，并向上传递给第 $z+2$ 层级的输入模块。

定义 5.7　层级间有向边集。区别于层级内有向边集，构建任意相邻两层级间的有向边组成的集合 $E_\to$，将 $E_\to$ 称为层级间有向边集。

根据定义 5.7，能进一步得到：

① $X_{(x,y,z)}^i \mid E_\to$ 表示和层次节点 $X_{(x,y,z)}^i$ 具备层级间有向边连接的层次节点集合；

② $E_\to$ 是连接各层级，并使 TBN 验证模型形成有向无环图的核心要素，同时反映出所构建 TBN 验证模型的信息流向。

结合定义 5.2～定义 5.7 给出的 TBN 验证模型的核心要素，可以给出如下 TBN 验证模型的定义：

定义 5.8　TBN 验证模型。一个完整的 TBN 验证模型同样由有向无环图和条件概率分布两部分组成，用符号 $B = \langle G_B, P_B \rangle$ 进行表示，其中：

① G_B 表示 TBN 验证模型的有向无环图，其由两部分构成 $G_B = \langle \bigcup_{z=0}^{n} H_{z+1},$

$E_\to \rangle$，$\bigcup_{z=0}^{n} H_{z+1}$ 构成 TBN 验证模型所有的层级，由层级定义 5.3 可知其涵盖了所有的层次节点，同时 $\bigcup_{z=0}^{n} H_{z+1}$ 中包含所有层级内有向边集，结合层级间有向边集 $E_\to$，结合起来就构建了 TBN 验证模型 B 的有向无环图 G_B，其结构示意如图 5.1 所示。

② P_B 完整地代表了 TBN 验证模型的条件概率分布，其由 4 部分组成，用符号表示为 $P_B = \langle P, I_M, O_M, D_M \rangle$，$P$ 代表各层次节点的条件概率分布，输入模块 I_M、输出模块 O_M 以及数据处理模块 D_M 保证了 TBN 验证模型能实现先验信息的接受、处理和储存，为推导层次节点条件概率分布和网络的查询提供信息。

至此，通过对复杂装备系统进行层次划分（包括系统纵向结构划分和系统横向结构划分），完成了基于三维贝叶斯网络的测试性验证总体模型的设计。

5.3.2　模型推理

前面基于装备系统层次划分介绍了如何构建 TBN 验证模型，但为了模型能实现故障样本量确定、故障样本量分配以及能进行测试性指标评估，模型应当具备推理的功能。显然要实现推理，需要获取模型结构参数和模型概率参数，这无疑涉及模型的结构学习和概率学习两方面的研究。

对装备而言，要实现 TBN 验证模型的结构学习，可以直接通过装备系统的 FMECA 信息结合装备层次划分需求和原则进行确定，这也是装备系统用于构建贝

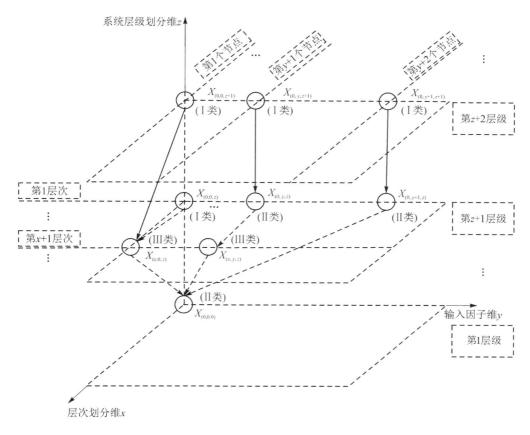

图 5.1　三维贝叶斯网络测试性验证模型示意图

叶斯网络模型的优势。因此,主要需要研究 TBN 验证模型的参数学习方法,根据模型层次化的结构特性,需分别研究层级内和层级间的概率学习方法。

1. 层级内 TBN 验证模型的概率学习方法

根据层次节点 $X_{(x,y,z)}^i$ 在模型中所处的位置,即根据 i 的取值不同,可通过以下分析进行确定:

① 当 $i=\mathrm{I}$ 时,层次节点 $X_{(x,y,z)}^{\mathrm{I}}$ 表示其无父层次节点,仅能获取其自身先验信息,直接将先验信息转化为节点的先验分布,通常选取二项分布的共轭分布——Beta 分布作为先验分布类型,则

$$\mathrm{Beta}(p;\alpha,\beta)=\frac{\Gamma(\alpha+\beta)}{\Gamma(\alpha)\Gamma(\beta)}p^{\alpha-1}(1-p)^{\beta-1} \tag{5.2}$$

式中,参数 p 为测试性验证指标(本章指 FDR/FIR),相应的参数 α 和参数 β 称为 Beta 分布超参数。

假设节点 $X^{I}_{(x,y,z)}$ 的成败型测试性验证试验数据用 (n',c') 表示,根据贝叶斯定理能得到 FDR/FIR 的后验分布,用符号 $\pi(p\mid(n',c'))$ 表示,则有

$$\pi(p\mid(n',c'))=\text{Beta}(p;\alpha+n'-c',\beta+c') \tag{5.3}$$

② 当 $i=\text{III}$ 时,层次节点 $X^{\text{III}}_{(x,y,z)}$ 至少具备本层父节点,现假设 $X^{\text{III}}_{(x,y,z)}$ 仅有本层父节点,则根据模型结构,其父层次节点 $pa(X^{\text{III}}_{(x,y,z)})$ 则可以确定,并用 $P(X^{\text{III}}_{(x,y,z)}\mid pa(X^{\text{III}}_{(x,y,z)}))$ 表示层次节点 $X^{\text{III}}_{(x,y,z)}$ 的 CPD,根据链式法则,能够得到层次节点 $X^{\text{III}}_{(x,y,z)}$ 和其父层次节点 $pa(X^{\text{III}}_{(x,y,z)})$ 的联合概率:

$$P(X^{\text{III}}_{(x,y,z)},pa(X^{\text{III}}_{(x,y,z)}))=P(X^{\text{III}}_{(x,y,z)}\mid pa(X^{\text{III}}_{(x,y,z)}))P(pa(X^{\text{III}}_{(x,y,z)})) \tag{5.4}$$

式中,条件概率 $P(X^{\text{III}}_{(x,y,z)}\mid pa(X^{\text{III}}_{(x,y,z)}))$ 可通过专家经验知识或者数据学习确定;$P(pa(X^{\text{III}}_{(x,y,z)}))$ 则仍可以类似于式(5.3)进行迭代求解,通过对 $P(pa(X^{\text{III}}_{(x,y,z)}))$ 进行分解,其仍可表示为 $i=\text{I}$、$i=\text{II}$ 和 $i=\text{III}$ 三类不同层次节点类型的概率乘积形式,直至无法进行分解。

基于式(5.4)逐层递归分解,一旦获取联合概率分布,即可获得节点 $X^{\text{III}}_{(x,y,z)}$ 的边缘分布(离散形式):

$$P(X^{\text{III}}_{(x,y,z)})=\sum_{pa(X^{\text{III}}_{(x,y,z)})}P(X^{\text{III}}_{(x,y,z)},pa(X^{\text{III}}_{(x,y,z)})) \tag{5.5}$$

2. 层级间 TBN 验证模型的概率学习方法

在式(5.4)中对 $P(pa(X^{\text{III}}_{(x,y,z)}))$ 处理时,还存在 $i=\text{II}$ 类层次节点和部分 $i=\text{III}$ 类层次节点概率分布无法确定的情况,现考虑如下:

① 当 $i=\text{II}$ 时,$X^{\text{II}}_{(x,y,z)}$ 仅存在上层级父层次节点,按规范化排序之后,则层次节点 $X^{\text{II}}_{(x,y,z)}$ 必然位于 H_{z+1} 层级的第 1 层次上,即 $x=0$。通过求解式(5.5)的联合概率分布,实现层次节点 $X^{\text{II}}_{(x,y,z)}$ 的边缘概率密度分布的确定:

$$P(X^{\text{II}}_{(x,y,z)},pa(X^{\text{II}}_{(x,y,z)}))=P(X^{\text{II}}_{(x,y,z)}\mid pa(X^{\text{II}}_{(x,y,z)}))P(pa(X^{\text{II}}_{(x,y,z)})) \tag{5.6}$$

式中,条件概率 $P(X^{\text{II}}_{(x,y,z)}\mid pa(X^{\text{II}}_{(x,y,z)}))$ 可通过领域专家或者数据学习进行确定;$P(pa(X^{\text{II}}_{(x,y,z)}))$ 则在上层级进一步递归求解。

一旦获取式(5.6)的联合概率分布,即可获得节点 $X^{\text{II}}_{(x,y,z)}$ 的边缘分布(离散形式):

$$P(X^{\text{II}}_{(x,y,z)})=\sum_{pa(X^{\text{II}}_{(x,y,z)})}P(X^{\text{II}}_{(x,y,z)},pa(X^{\text{II}}_{(x,y,z)})) \tag{5.7}$$

② 当 $i=\text{III}$ 时,假设层次节点 $X^{\text{III}}_{(x,y,z)}$ 同时包含本层父层次节点和上层父层次节点,为获得此时 $X^{\text{III}}_{(x,y,z)}$ 的 CPD,则首先构建联合概率分布:

$$\begin{aligned} P(X^{\text{III}}_{(x,y,z)},pa(H_{z+2}:X^{\text{III}}_{(x,y,z)}),pa(H_{z+1}:X^{\text{III}}_{(x,y,z)}))= \\ P(X^{\text{III}}_{(x,y,z)}\mid pa(H_{z+1}:X^{\text{III}}_{(x,y,z)}),pa(H_{z+2}:X^{\text{III}}_{(x,y,z)}))\cdot \\ P(pa(H_{z+1}:X^{\text{III}}_{(x,y,z)}))\cdot P(pa(H_{z+2}:X^{\text{III}}_{(x,y,z)})) \end{aligned} \tag{5.8}$$

式中，$pa(H_{z+2}:X_{(x,y,z)}^{\text{III}})$ 表示 $X_{(x,y,z)}^{\text{III}}$ 在 H_{z+2} 层级的父层次节点；$pa(H_{z+1}:X_{(x,y,z)}^{\text{III}})$ 表示 $X_{(x,y,z)}^{\text{III}}$ 在 H_{z+1} 层级的父层次节点。

③ 同理，当确定式(5.8)的联合概率分布后，可得

$$P(X_{(x,y,z)}^{\text{III}}) = \sum_{pa(H_{z+2}:X_{(x,y,z)}^{\text{III}}),\,pa(H_{z+1}:X_{(x,y,z)}^{\text{III}})} P(X_{(x,y,z)}^{\text{III}},pa(H_{z+2}:X_{(x,y,z)}^{\text{III}}),pa(H_{z+1}:X_{(x,y,z)}^{\text{III}}))$$

$$(5.9)$$

④ 通过式(5.5)、式(5.7)以及式(5.9)所得到的条件概率分布并非闭合形式，故难以确定其解析表达式，进而无法准确得到系统的后验分布，因此有必要针对后验分布的确定给出相应的研究方法。

5.3.3　模型求解

本章构建的 TBN 验证模型可以看成由若干个局部层次模型组成，任意一个 II 类层次节点和其父层次节点可以视为一个局部层次模型，任意一个 III 类层次节点和其父层次节点也可以视为一个局部层次模型，比如在图 5.1 所示的示意图中，层次节点 $X_{(0,y,z+1)}$ 和 $X_{(0,y,z)}$ 就是一个局部层次模型，因此本节通过考虑一个局部层次模型的后验分布求解，进而实现系统级后验分布的确定。为了更直观地表示，考虑层次节点 $X_{(x,y,z)}$ 具有 m 个父节点 $pa(X_{(x,y,z)})$，并以 $pa_j(X_{(x,y,z)})$ 表示其第 $j(j=1,2,\cdots,m)$ 个父节点，如图 5.2 所示。

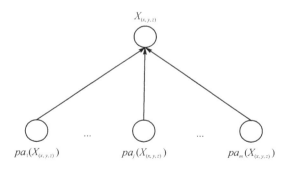

图 5.2　节点 $X_{(x,y,z)}$ 的局部层次模型

现假设这一局部层次模型已经获得了每一个节点的测试性验证试验数据，同时假定每一个父层次节点的试验数据服从二项分布 $\text{Binomial}(n_j,p_j)$，其中 n_j 为每个父层次节点所进行的验证试验次数，p_j 为对应的 FDR/FIR，根据 5.3.2 节模型推理中联合分布的求解方法，以 $X_{(x,y,z)}=1$ 表示故障检测/隔离成功，以 $X_{(x,y,z)}=0$ 表示故障检测/隔离失败，则层次节点 $X_{(x,y,z)}$ 测试性指标 FDR/FIR 的先验分布 $\pi(X_{(x,y,z)}=1)$ 可以表示为 m 个父层次节点 2^m 个状态的和：

$$\pi(X_{(x,y,z)}=1) = \sum_{pa_1(X_{(x,y,z)}),\cdots,pa_m(X_{(x,y,z)})} P(X_{(x,y,z)} =$$

$$1 \mid pa_1(X_{(x,y,z)}),\cdots,pa_m(X_{(x,y,z)})) \prod_{j=1}^{n} P(pa_j(X_{(x,y,z)})) \qquad (5.10)$$

式中，$P(X_{(x,y,z)}=1 \mid pa_1(X_{(x,y,z)}),\cdots,pa_m(X_{(x,y,z)}))$ 条件概率可通过专家知识等途径获取；$\prod_{j=1}^{n} P(pa_j(X_{(x,y,z)}))$ 由不同父层次节点的取值下相应的 p_j 或者 $(1-p_j)$ 的乘积构成，有以下形式：

$$\prod_{j=1}^{n} P(pa_j(X_{(x,y,z)})) = \prod_{j=1}^{n} (p_j)^{pa_j(X_{(x,y,z)})} (1-p_j)^{pa_j(X_{(x,y,z)})} \qquad (5.11)$$

进一步假设父层次节点 $(pa_j(X_{(x,y,z)}))$ 测试性指标 p_j 的先验分布服从某一分布 D_j，设为 $p_j \sim D_j(\varepsilon_j,\delta_j)$，其中 ε_j 和 δ_j 为分布的超参数（已知或者服从另一超参数已知的分布），则结合父层次节点和层次节点的验证试验数据，可以得到参数 $(p_1,\cdots,p_m,\varepsilon_1,\cdots,\varepsilon_m,\delta_1,\cdots,\delta_m)$ 的联合后验分布正比于联合先验分布和似然函数的乘积：

$$\pi(p_1,\cdots,p_m,\varepsilon_1,\cdots,\varepsilon_m,\delta_1,\cdots,\delta_m \mid (n_0,f_0),\cdots,(n_m,f_m)) \propto$$

$$\prod_{j=1}^{m} (p_j)^{n_j-f_j}(1-p_j)^{f_j} \cdot (\pi(X_{(x,y,z)}=1))^{n_0-f_0}(1-\pi(X_{(x,y,z)}=1))^{f_0} \cdot$$

$$\prod_{j=1}^{m} D_j(\varepsilon_j,\delta_j)\pi(\varepsilon_j,\delta_j) \qquad (5.12)$$

式中，(n_0,f_0) 表示层次节点 $X_{(x,y,z)}$ 的验证试验数据；$\pi(\varepsilon_j,\delta_j)$ 表示超参数 ε_j 和 δ_j 的联合先验分布，可通过下式求解：

$$\pi(\varepsilon_j,\delta_j) = \begin{cases} 1, & \varepsilon_j \text{ 和 } \delta_j \text{ 已知} \\ \pi(\varepsilon_j,\delta_j), & \varepsilon_j \text{ 和 } \delta_j \text{ 未知} \end{cases} \qquad (5.13)$$

据此就得到参数的联合后验分布，考虑到联合后验分布中并不能总是保证所有参数的条件概率分布具备解析解，因此提出一种混合 Gibbs/Metropolis–Hastings（G/M–H）算法，将式(5.12)所确定的参数联合概率分布中能获得的条件概率分布应用 Gibbs 抽样方法进行处理，其中无法获得全条件概率分布的方法则采用 M–H 算法进行处理，这样能保证获得任一参数 p_j 的后验概率分布样本集，根据式(5.10)则可确定层次节点 $X_{(x,y,z)}$ FDR/FIR 的后验分布样本集，然后通过后验分布样本集进行拟合确定后验分布，具体算法如下（假定 ε_j 和 δ_j 未知，均服从某一已知分布）：

步骤一：设置 $k=0$，并给出各参数的仿真初值 $\varepsilon_1^{(0)},\cdots,\varepsilon_m^{(0)},\delta_1^{(0)},\cdots,\delta_m^{(0)}$；

步骤二：当 $j=1,2,\cdots,m$ 时，生成 $p_j^{(k)} \sim D_j(\varepsilon_j^{(k-1)},\delta_j^{(k-1)} \mid (n_j,f_j))$；

步骤三：① 设置 $j=1$；

② 从 ε_j 服从分布中抽取 ε_j^*，计算下式：

$$r = \frac{\pi(p_1^{(k)},\cdots,p_m^{(k)},\varepsilon_1^{(k-1)},\cdots,\varepsilon_{j-1}^{(k)},\varepsilon_j^{*},\varepsilon_{j+1}^{(k-1)},\cdots,\varepsilon_m^{(k-1)},\delta_1^{(k-1)},\cdots,\delta_m^{(k-1)} \mid (n_0,f_0),\cdots,(n_m,f_m))}{\pi(p_1^{(k)},\cdots,p_m^{(k)},\varepsilon_1^{(k-1)},\cdots,\varepsilon_{j-1}^{(k)},\varepsilon_j^{(k-1)},\varepsilon_{j+1}^{(k-1)},\cdots,\varepsilon_m^{(k-1)},\delta_1^{(k-1)},\cdots,\delta_m^{(k-1)} \mid (n_0,f_0),\cdots,(n_m,f_m))}$$

$$\text{(5.14)}$$

③ 从均匀分布 $(0,1)$ 中抽取 u，如果 $u \leqslant r$，则 $\varepsilon_j^{(k)}=\varepsilon_j^{*}$，否则令 $\varepsilon_j^{(k)}=\varepsilon_j^{(k-1)}$；

④ 令 $j=j+1$，回到①，直至 $j=m$。

步骤四：① 设置 $j=1$；

② 从 δ_j 服从分布中抽取 δ_j^{*}，计算下式：

$$r' = \frac{\pi(p_1^{(k)},\cdots,p_m^{(k)},\varepsilon_1^{(k)},\cdots,\varepsilon_m^{(k)},\delta_1^{(k)},\cdots,\delta_{j-1}^{(k)},\delta_j^{*},\delta_{j+1}^{(k-1)},\cdots,\delta_m^{(k-1)} \mid (n_0,f_0),\cdots,(n_m,f_m))}{\pi(p_1^{(k)},\cdots,p_m^{(k)},\varepsilon_1^{(k)},\cdots,\varepsilon_m^{(k)},\delta_1^{(k)},\cdots,\delta_{j-1}^{(k)},\delta_j^{(k-1)},\delta_{j+1}^{(k-1)},\cdots,\delta_m^{(k-1)} \mid (n_0,f_0),\cdots,(n_m,f_m))}$$

$$\text{(5.15)}$$

③ 从均匀分布 $(0,1)$ 中抽取 u'，如果 $u' \leqslant r'$，则 $\delta_j^{(k)}=\delta_j^{*}$，否则令 $\delta_j^{(k)}=\delta_j^{(k-1)}$；

④ 令 $j=j+1$，回到①，直至 $j=m$。

步骤五：令 $k=k+1$，回到步骤二，直至到设定仿真次数。

通过以上步骤能得到各参数的后验分布样本集，结合式(5.9)和式(5.10)以及层次节点 $X_{(x,y,z)}$ 的验证试验数据 (n_0,f_0)，即可得到 $X_{(x,y,z)}$ FDR/FIR 的后验分布样本集，并储存在 TBN 验证模型输入模块中，至此完成了局部层次模型的后验分布求解。

依次求解基于自顶而下分解得到的局部层次模型，直至系统层，求解完成后更新对应层次节点的输入和输出，如此运用 G/M－H 算法即可得到系统测试性指标的后验分布样本集。

5.3.4　案例验证

1. 研究对象及先验信息

以某型装备飞控系统为研究对象，考虑纵向层次划分为电缆网络、总线网络、弹上计算机、惯测组合、舵等效器以及综合控制器 6 个 LRU 模块，同时假定相互之间无影响的简单情形。其中，惯测组合由线加速度测量组合、角速度测量组合和二次电源 3 个 SRU 模块，弹上计算机信息处理电路、弹机供电 2 个 SRU 模块构成，验证试验实施时综合控制器的地面检测设备在系统回路中，将其视为综控器的横向结构，故飞行控制系统的 TBN 验证模型如图 5.3 所示。

以飞控系统 FDR 为研究对象，在实施飞控系统的测试性验证前，其对应的 LRU 和 SRU 以及飞控系统自身在研制期间均累积了一定的实物试验成败型数据，这些数据可以作为 TBN 验证模型的先验信息，通过前面给出的模型推理和模型求解方法，即可实现数据的融合和推理，得到飞控系统 FDR 的后验分布。相应的成败型实物试验数据如表 5.1 所列。

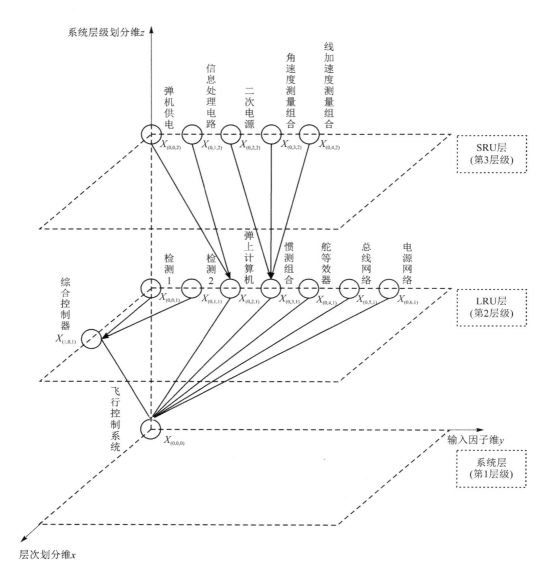

图5.3 飞控系统 TBN 验证模型

表 5.1　成败型实物试验数据

系统划分			总计次数	失败次数
	系统级	$X_{(0,0,0)}$	10	1
	LRU 级	$X_{(0,2,1)}$	9	1
纵向结构	SRU 级	$X_{(0,3,1)}$	14	2
		$X_{(0,4,1)}$	8	1
		$X_{(0,5,1)}$	3	1
		$X_{(0,6,1)}$	5	0
		$X_{(1,0,1)}$	4	1
		$X_{(0,0,2)}$	2	0
		$X_{(0,1,2)}$	2	0
		$X_{(0,2,2)}$	4	0
		$X_{(0,3,2)}$	5	1
		$X_{(0,4,2)}$	5	1
横向结构	$X_{(1,0,1)}$	$X_{(0,0,1)}$	4	0
		$X_{(0,1,1)}$	4	0

2. FDR 后验分布确定

飞控系统 $X_{(0,0,0)}$ 的 FDR 后验分布确定步骤如下。

（1）领域专家结合自身知识确定 TBN 验证模型的条件概率表（CPT）

假定层次节点 $X_{(x,y,z)}^i = k, k = 0,1$ 分别对应层次节点 $X_{x,y,z}^i$ 故障不可检测和可检测两种状态，则飞控系统 $X_{(0,0,0)}$ FDR 可表示为 $P(X_{(0,0,0)} = 1)$，由于 $X_{(0,0,0)}$ 只有上层级父层次节点，故其为 Ⅱ 型层次节点，可得

$$P(X_{(0,0,0)}, pa(X_{(0,0,0)})) = P(X_{(0,0,0)} \mid pa(X_{(0,0,0)}))P(pa(X_{(0,0,0)})) \quad (5.16)$$

式中，$pa(X_{(0,0,0)})$ 指层次节点 $X_{(1,0,1)}$、$X_{(0,2,1)}$、$X_{(0,3,1)}$、$X_{(0,4,1)}$、$X_{(0,5,1)}$ 和 $X_{(0,6,1)}$，由于其相互独立，故可通过下式确定：

$$P(pa(X_{(0,0,0)})) = P(X_{(1,0,1)})P(X_{(0,2,1)})P(X_{(0,3,1)})P(X_{(0,4,1)})P(X_{(0,5,1)})P(X_{(0,6,1)})$$
$$(5.17)$$

式（5.17）等号右侧中任一项均可由自身先验数据以及其上层级的父层次节点输出集共同确定，如此即可按照局部层次模型进行求解。此外，求解还需确定条件概率 $P(X_{(0,0,0)} | pa(X_{(0,0,0)}))$、$P(X_{(1,0,1)} | pa(X_{(1,0,1)}))$、$P(X_{(0,2,1)} | pa(X_{(0,2,1)}))$ 以及 $P(X_{(0,3,1)} | pa(X_{(0,3,1)}))$ 的值。领域专家结合自身知识以及历史装备情况，以随机区间形式给出不同状态下的条件概率，如表 5.2 所列。

表 5.2　不同状态下的条件概率

可检测部件数	层次节点			
	$X_{(0,0,0)}$	$X_{(1,0,1)}$	$X_{(0,2,1)}$	$X_{(0,3,1)}$
0	$R_1:U(0,0.2)$	$R_8:U(0,0.2)$	$R_{11}:U(0,0.2)$	$R_{14}:U(0,0.2)$
1	$R_2:U(0.1,0.3)$	$R_9:U(0.6,0.8)$	$R_{12}:U(0.6,0.8)$	$R_{15}:U(0.4,0.6)$
2	$R_3:U(0.3,0.5)$	$R_{10}:U(0.8,1)$	$R_{13}:U(0.8,1)$	$R_{16}:U(0.7,0.9)$
3	$R_4:U(0.5,0.6)$	—	—	$R_{17}:U(0.9,1)$
4	$R_5:U(0.6,0.8)$	—	—	—
5	$R_6:U(0.8,0.9)$	—	—	—
6	$R_7:U(0.9,1)$	—	—	—

其中,可检测部件数代表相应的层次节点取值为1的个数(假定局部层次模型的父节点具备同等的地位,简化状态组合过多的问题),相应的 $R_1 \sim R_{17}$ 代表领域专家共同确定的不同状态先验分布为均匀分布,这种处理方式有助于将条件概率作为联合分布的参数,能够通过参数的联合后验分布确定条件概率 $R_1 \sim R_{17}$ 的后验分布,对专家知识进行反馈校正,降低专家知识所带来的不确定性,同时达到优化专家知识的目的。

(2) 层次贝叶斯网络(HBN)验证模型中的局部层次模型求解

根据 5.3.3 节模型求解方法,考虑表 5.1 中的每个层次节点的试验数据服从 Bionmial(n_j, p_j),n_j 为每个层次节点所进行的试验次数,p_j 为其对应的 FDR,同时假设所有不具备父层次节点的 p_j 来自一个由参数 K 和参数 ε 构成的 Beta 分布:

$$\pi(p_j \mid K, \varepsilon) \sim \mathrm{Beta}(K\varepsilon, K(1-\varepsilon)) \tag{5.18}$$

通过式(5.18)可得 p_j 的先验均值为 ε,先验方差为 $\varepsilon(1-\varepsilon)/(K+1)$,由此可见 K 的取值决定了 Beta 分布的分散性。考虑由层次节点 $X_{(0,0,1)}$、$X_{(0,1,1)}$ 和 $X_{(1,0,1)}$ 的局部层次模型的推理,该局部层次模型共具备 $m=3$ 个节点,层次节点 $X_{(1,0,1)}$ 具备 $m_1=2$ 个父层次节点,根据以上假设即父层次节点 $X_{(0,0,1)}$ 和 $X_{(0,1,1)}$ FDR 服从 Beta$(K\varepsilon, K(1-\varepsilon))$分布,参照式(5.12)可得参数的联合后验分布:

$$\pi(p_1, \cdots, p_{m_1}, \cdots, p_m, K, \varepsilon \mid (n_1, f_1), \cdots, (n_{m_1}, f_{m_1}), \cdots, (n_m, f_m)) \propto$$

$$\left[\frac{\Gamma(K)}{\Gamma(K\varepsilon)\Gamma(K(1-\varepsilon))}\right]^{m_1}\left[\prod_{j=1}^{m_1} p_j^{n_j-f_j+K\varepsilon-1}(1-p_j)^{f_j+K(1-\varepsilon)-1}\right]\left[\prod_{j=m_1}^{m} p_j^{n_j-f_j}(1-p_j)^{f_j}\right]\pi(K,\varepsilon)$$

$$\tag{5.19}$$

式中,$(n_j, f_j)(j=1,\cdots,m_1,\cdots m)$ 表示各层次节点的实物试验总次数和检测失败次数;$\pi(K,\varepsilon)$ 表示参数 ε 和参数 K 的联合先验分布,由于参数 ε 代表在获得验证试验数据前对 FDR 的估计期望值,故它表示一个概率,假设为一个具备参数 a 和 b 的

Beta 分布,从式中可以看出参数 K 进入联合后验分布的方式类似于一个先验分布的"等效样本量",用 Gamma(α',λ) 分布作为 K 的先验分布,这样便可以得到(K,ε)的联合先验分布,即

$$\pi(K,\varepsilon) \propto K^{\alpha'-1} e^{(-\lambda K)} \varepsilon^{a-1} (1-\varepsilon)^{b-1} \tag{5.20}$$

结合式(5.19)和式(5.20),则可以得到参数的联合后验分布,然后通过 G/M－H 算法实施求解,具体流程如图 5.4 所示。

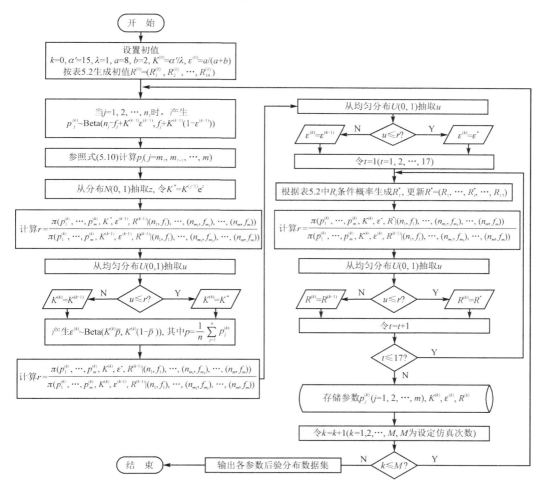

图 5.4　G/M－H 算法求解流程

(3) 系统级后验分布的求解

基于自顶向下层次模型的求解,首先由 SRU 层向 LRU 层求解局部层次模型参数,即层级间数据处理模块 $D_B^{2\to3}$ 处理 $X_{(0,0,2)}$、$X_{(0,1,2)}$ 和 $X_{(0,2,1)}$ 构成的局部层次模型参数,以及 $X_{(0,2,2)}$、$X_{(0,3,2)}$、$X_{(0,4,2)}$ 和 $X_{(0,3,1)}$ 构成的局部层次模型参数。求解完成

后更新相应的输入模块,并通过层级间数据处理模块 $D_B^{1\to2}$ 处理 LRU 到系统层的数据,采用上述 G/M-H 算法的实施流程进行求解。表 5.3 给出了部分关键参数的后验分布的相关指标值,同时图 5.5 直观地给出了参数 K、ε 的先验分布和后验分布曲线,图 5.6 给出了通过 TBN 模型以及未通过推理的部分关键参数的后验分布曲线对比。

表 5.3　部分参数的后验分布

参　　数	均　　值	标准差	分位点				
			2.5%	5%	50%	95%	97.5%
K	15.485	3.790	9.339	10.033	15.091	22.294	24.108
ε	0.876	0.046	0.770	0.791	0.881	0.944	0.952
$P(X_{(0,2,1)}=1)$	0.896	0.043	0.801	0.823	0.898	0.961	0.970
$P(X_{(0,3,1)}=1)$	0.886	0.046	0.782	0.804	0.890	0.955	0.964
$P(X_{(1,0,1)}=1)$	0.897	0.041	0.808	0.827	0.898	0.961	0.970
$P(X_{(0,0,0)}=1)$	0.876	0.036	0.799	0.814	0.878	0.931	0.941

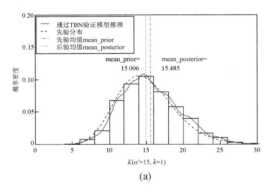
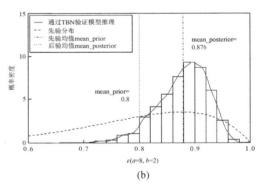

图 5.5　参数 K 和 ε 的先验-后验分布对比

3. 结果分析

① 由图 5.5(a)和表 5.3 可得,参数 K 的边缘后验分布较之先验分布无明显差异,相应的先验和后验分布的均值也十分相近,这说明试验数据包含的信息不够丰富,因此导致其后验分布未发生太大的变化。

② 由图 5.5(b)和表 5.3 可得,参数 ε 的先验均值为 0.8,通过 G/M-H 算法以及经 TBN 验证模型推理得到其后验均值在 0.876 左右,其边缘后验分布曲线和先验分布曲线具备较大差异,说明融合先验试验数据后对后验分布具有较大的影响,从图 5.5(b)中能明显看到参数 ε 后验分布的置信度相对于先验分布显著提高,由表 5.3 可以得到参数 ε 的 90% 置信区间为 $[0.791,0.944]$。

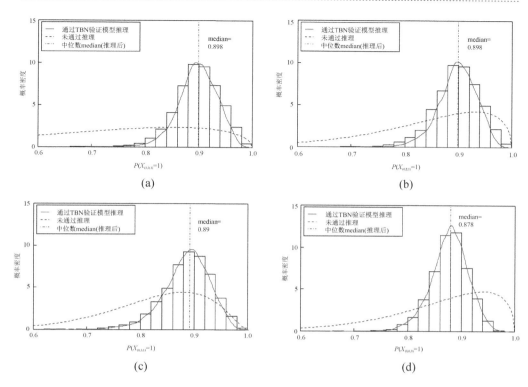

图 5.6　不同层次节点的后验分布对比

③ 图 5.6 给出了推导局部层次模型时层次节点 $X_{(1,0,1)}$、$X_{(0,2,1)}$、$X_{(0,3,1)}$ 和 $X_{(0,0,0)}$ 的 FDR 是否采取 TBN 验证模型推理的后验分布对比曲线（图中给出了各层次节点 FDR 的后验中位数 median 作为指标参考）。对图 5.6(a)、(b)、(c)和(d)四个层次节点的后验分布而言，经过 TBN 验证模型推理后的后验分布均值增加，同等置信度要求约束下具备更小的置信区间长度，这一点也可从表 5.3 对应层次节点的不同分位点取值可以看出。而不经过所构建的模型推理，考虑层次节点先验为无信息先验，则结合试验数据转换为具备 Beta 分布形式的后验分布，由于实际试验样本量小，因此所得到的后验分布趋势都比较平缓，这无疑是由于层次节点 $X_{(1,0,1)}$、$X_{(0,2,1)}$、$X_{(0,3,1)}$ 和 $X_{(0,0,0)}$ 的测试性先验信息缺乏所致。由此可见，如果不运用不同层次节点的测试性先验信息实现融合推理，则实际装备系统（或部件）所具备的先验信息是十分有限的，不能保证所确定的 FDR 的准确性。

④ 从表 5.3 中得到飞控系统（对应于层次节点 $X_{(0,0,0)}$）FDR 的后验均值为 0.878，相应给出 90% 置信区间为 [0.814, 0.931]，显然 LRU 层级的 6 个层次节点的先验信息对于 $X_{(0,0,0)}$ 具有较大贡献，如果能给出更为准确的下层层次节点的先验信息或者继续增加系统的实物测试性验证试验数据，便能得到更为准确的 FDR 评估结

论;再往下划分,LRU 层级层次节点的信息来源于同层或者 SRU 层级的父层次节点,比如以层次节点 $X_{(0,3,1)}$ 为例进行说明,其后验均值为 0.886,90% 置信区间取值为 $[0.804,0.955]$,后验分布的确定很大程度取决于 $X_{(0,2,2)}$、$X_{(0,3,2)}$、$X_{(0,4,2)}$,当然也取决于自身的先验试验数据,由此可见丰富准确的先验信息能较好地支撑 FDR 后验分布的准确性。

综上,TBN 验证模型能充分利用贝叶斯网络不确定推理的能力,同时能充分运用各层次节点的先验信息,使得到的飞控系统 FDR 后验分布具备更高的可信度。

第6章 测试性试验与评估

　　测试性是装备的一种重要设计特性,旨在能准确地确定装备的运行状态以及能高效地实现对装备内部故障的检测/隔离,其作为装备通用质量特性之一,与可靠性、保障性以及维修性等具备同等重要的地位。良好的测试性设计有助于提高装备的安全性、缩短维修时间、节省保障资源,是保证装备的战备完好性以及成功性的首要前提。因此,随着研究人员对测试性在装备研制过程中重要程度认知的提升,在科研机构与装备设计部门的紧密合作下,测试性设计相关技术取得了一系列理论与工程上的应用成果。现阶段,新研装备研制过程中相继采用了一些测试性设计技术,旨在提高装备的测试性水平,使其满足承制方和使用方预期测试性指标要求值。

　　装备使用方通过对新研装备提出测试性指标要求,使装备承制方在测试性指标要求约束目标下采取一定的措施不断改进及完善装备的测试性设计,由此可见,测试性指标是装备承制方进行装备研制任务和实施验证工作的依据,亦是装备使用方对研制方进行监控和验收的核心。随着装备研制工作稳步推进、测试性水平逐步提升,采取何种方法检验/衡量装备测试性水平是否满足承制方和使用方预期测试性指标要求?以及如何确保装备设计定型时结论的科学有效性?这些测试性领域亟需解决的问题均指向装备测试性验证技术的理论研究与工程应用上的推进。

　　测试性验证技术通常由计算模型选取、故障样本量确定、故障样本分配、故障注入以及测试性指标评估等相关技术组成,是确定装备是否达到规定测试性指标要求的重要手段。其主要方法是进行测试性验证试验,即在研制装备中通过对各组成单元注入所分配的故障,然后用测试性规定的测试方法对故障进行检测/隔离,并按其结果对测试性指标进行评估,以此衡量装备的测试性水平,进而协助承制方和使用方作出对装备接受或拒收的决策。高水平的测试性验证技术能使装备质量得到一定程度的提高,并有效缩短研制进度,降低试验代价。因此,分析制约现有测试性验证技术应用的关键环节,据此探寻新思想和新方法来解决这些关键环节中存在的问题,进而给出高置信度的指标评估结论,是现阶段测试性验证技术亟需重点解决的问题。

　　实施测试性验证试验时,通常采用故障注入的方式,旨在使测试性验证试验的进度加快,达到降低试验成本的目的。研究表明这种方式确能加快试验进度,但测试性验证试验结论受所确定的故障样本量、各组成单元所分配的样本量以及测试性指标评估方式的掣肘,这也是测试性验证技术中较为核心的三个问题。故障样本量过大会导致试验难度和成本相应增加,过小则会存在样本覆盖性不足的问题;样本分配的不合理会导致样本结构合理性和样本集代表性不足,直接导致测试性指标评估结果不确定性较大;测试性指标评估方式的不同会导致评估精度以及可信度的差异,影响装备的定型决策。因此,对故障样本量确定技术、故障样本量分配技术以及测试性指标评估技术的研究具备实际的理论意义以及工程应用价值。

6.1　概　述

6.1.1　故障样本量确定问题

通过对目前故障样本量确定技术的相关国军标准以及一些科研人员/机构的研究成果进行分析与总结,考虑装备测试性验证时无法进行大量的故障注入试验,并且考虑故障注入试验具备成败型数据特点,能利用二项分布模型进行处理。因此本章将故障样本量确定技术划分为两类:基于单次抽样方法和基于序贯抽样方法的故障样本量确定技术。

1. 基于单次抽样方法的故障样本量确定

单次抽样方法以二项分布计算模型为基础,具备最低可接受值约束和双方风险约束等不同形式的故障样本量求解方法。由于工程中承制方和使用方对装备的测试性水平均有相应的指标要求,故后续所述均为考虑双方风险约束的单次抽样方法。

通过给定承制方和使用方测试性指标要求值 p_0 和 p_1——通常指故障检测率和故障隔离率,以及双方预期风险约束值 α 和 β,由基于二项分布模型的单次抽样特征函数,通过约束问题式(6.1)即可求解实际的验证试验方案 (n,c),其中 n 为实际需要注入的故障样本量,c 为对应于故障样本量 n 时所允许的最大故障检测/隔离失败数。

$$\begin{cases} 1-L(p_0) \leqslant \alpha \\ L(p_1) \leqslant \beta \end{cases} \tag{6.1}$$

式中,$L(\cdot)$ 表示抽样特性函数,可通过下式求解:

$$L(p) = \sum_{y=0}^{c} C_n^y p^{n-y}(1-p)^y \tag{6.2}$$

式中,p 表示测试性指标 FDR/FIR,且满足 $p \in [0,1]$;y 表示实际观测到的故障检测/隔离失败次数。

根据式(6.1)和式(6.2),当确定 p_0、p_1、α 和 β 后,即可确定测试性验证试验方案,表 6.1 给出了部分取值下的试验方案结果。

表 6.1　不同参数取值下的试验方案

序 号	测试性有关参数				试验方案		实际风险	
	p_0	p_1	α	β	n	c	α_r	β_r
1	0.98	0.95	0.1	0.1	258	8	0.077 0	0.098 5
2	0.98	0.95	0.2	0.2	110	3	0.179 0	0.194 4
3	0.95	0.90	0.1	0.1	187	13	0.087 4	0.098 1
4	0.95	0.90	0.2	0.2	78	5	0.195 1	0.195 8
5	0.90	0.86	0.1	0.1	434	51	0.099 7	0.098 0
6	0.90	0.86	0.2	0.2	190	22	0.195 9	0.197 4

　　从表中可以看出当对测试性指标要求较高时,所确定的故障样本量过大,由于故障注入试验的有损性和破坏性,以及受试验经费的制约,必然导致大量故障注入试验的限制,实际工程实现困难。因此,以下问题的研究具有重要的理论意义和工程应用价值。

2. 基于序贯抽样方法的故障样本量确定

　　相对于单次抽样方法在开展测试性验证试验前就已经确定好故障样本量与对应的最大允许检测/隔离失败数而言,基于序贯抽样方法的故障样本量确定方法在验证试验开展前无法确定样本量,需要根据试验结果动态确定。无论是单次抽样方法或者序贯抽样方法,均在实际工程中有广泛应用,主要根据测试性验证试验的需求进行选择,前面分析了单次抽样方法存在的问题,故有必要针对现有序贯抽样方法存在的问题开展研究。

　　序贯抽样方法最初由 Wald 提出,构建如式(6.3)的假设检验问题,然后通过计算两种假设似然函数比的值,依据相应的判决阈值进行动态的接收/拒收判定,并称之为序贯概率比检验法。

$$H_0:p=p_0 \quad vs \quad H_1:p=p_1 \tag{6.3}$$

　　假设进行 n 次测试性验证试验的序贯过程用序贯序列 $T=\{T_1,T_2,\cdots,T_n\}$ 进行表示,其中元素 T_i 代表一次成败型试验,故取值为 0 或 1,并定义 $T_i=1$ 表示第 i 次故障检测/隔离成功,$T_i=0$ 表示第 i 次故障检测/隔离失败。同时记 $c=count$ $(T_i=0)$ 为序贯序列中累积检测/隔离失败数,则似然函数比为

$$\lambda_n=\frac{L(T\mid p_0)}{L(T\mid p_1)}=\frac{C_n^c p_0^{n-c}(1-p_0)^c}{C_n^c p_1^{n-c}(1-p_1)^c}=\frac{p_0^{n-c}(1-p_0)^c}{p_1^{n-c}(1-p_1)^c} \tag{6.4}$$

　　通过对似然函数比 λ_n 求对数,以及根据双方风险约束 α 和 β 确定 $\ln\lambda_n$ 的阈值上界 A 和阈值下界 B,则可以通过图 6.1 所示的序贯判决图直观地判断每一次序贯过程的决策结果。

　　图 6.1 中 $l /\!/ l'$,斜率 s 和截距 h、h' 可求取,从图中可以看出,序贯抽样方案很可

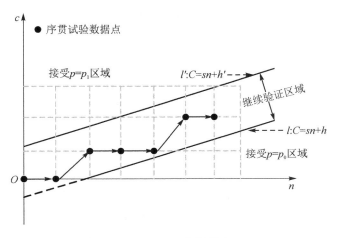

图 6.1　SPRT 序贯判决

能一直处于继续验证区域而无法进行决策。考虑到序贯抽样方法具备检验精度高等优点,因此,针对下述问题的研究具有十分重要的意义。

6.1.2　故障样本量分配问题

故障样本量分配技术作为测试性验证技术的一个重要环节,是在确定故障样本量后采取一定方式从装备系统的故障模式集中抽取与所确定的故障样本量等量的故障模式,然后在试验室或实际使用环境下通过故障注入的方式,以约定的检测/隔离手段评估装备测试性水平。考虑单次抽样方法能在验证试验前即可确定所需故障样本量,而序贯抽样方法的故障样本量随抽样过程而定,因此对于故障样本量的分配问题应针对两种不同抽样方法进行考虑。

1. 故障样本量已知条件下的分配方法

在测试性验证试验前确定故障样本量后,需要按照一定的方式对故障样本量实施分配,得到试验所需注入的验证故障模式集。考虑到复杂装备系统故障模式集中具有大量不同的故障模式,而要从其中抽取少量的故障模式构成验证故障模式集,必然会存在验证故障模式集的代表性和充分性问题。显然,故障样本量分配不合理将直接影响验证模式集的代表性和充分性,必然导致测试性评估结论具备较大的不确定性。

2. 故障样本量未知条件下的分配方法

序贯类测试性验证试验在开展前不能确定故障样本量,因此事先无法确定验证故障模式集,在验证实施时需首先确定故障模式抽取单元,然后从选定抽取单元的故障模式集中抽取一个故障模式,以此实现测试性验证试验的序贯故障注入。

6.1.3　测试性指标评估问题

无论是基于单次抽样还是序贯抽样方法的测试性验证试验,前面所述故障样本量确定技术和故障样本量分配技术的研究成果,旨在解决测试性验证试验指标评估结论不准确的问题,以期得到具备较高置信度的指标评估结论。如此便带来一个新的问题:

确定测试性验证故障样本量,在样本分配构建故障模式集后,通过故障注入的方式得到测试性验证试验结果,如何根据结果建立测试性指标评估模型?

测试性指标评估技术主要是根据装备的故障检测/隔离情况运用概率统计理论对 FDR/FIR 建立相应的评估模型进行评估。根据指标评估模型中是否运用测试性先验信息,现有文献的研究工作主要归结为以下两方面:

(1) 以经典统计理论为核心的测试性指标评估技术

这方面的研究一般不利用测试性先验信息,通常基于概率信息和试验数据对测试性指标进行评估:

① 测试性预计技术是基于概率信息对测试性指标进行评估的最具代表性的方法之一,是指采用经验、模型或图解的形式,实现装备测试性指标的预计,包括通过相似装备预计在研装备测试性指标的方法、基于详尽的数据信息和流程设计的工程预计法以及基于模型的计算机辅助预计法。其中相似装备预计法主观性较大,工程预计法需要十分详尽的数据作为支撑,同时对流程设计要求严苛,工程实施难度较大。根据相关文献,计算机辅助预计法实施测试性指标预计的主要步骤如下:a. 建立故障-测试(fault - test,F - T)相关性矩阵;b. 计算 F - T 之间的概率矩阵;c. 通过 F - T 概率矩阵估计 FDR/FIR,其中 F - T 相关性矩阵的构建主要可通过多信号流模型和贝叶斯网络模型,但考虑到建模时 F - T 逻辑关系的简化处理,相关性矩阵存在一定偏差,计算 F - T 概率矩阵具备较大的不确定性,影响测试性指标预计结果。

② 基于试验数据对测试性指标进行评估通常考虑点估计模型、二项分布置信区间估计模型以及给定置信度的置信下限估计模型三种不同的指标评估模型。但以试验数据为主的评估模型应用的前提条件是具备充足的试验样本量,根据统计理论,样本量越大则越能反映出测试性指标的真值,若样本量不足,则相应的估计值会与实际值具有较大的偏差。对于复杂装备而言,受限于故障注入试验的损伤性,大量故障注入得到较大样本的以试验数据为主导的评估方式无法适用,如何扩大用于评估的样本量就是研究的重中之重。

(2) 以小子样理论为核心的测试性指标评估技术

实施测试性指标评估旨在获取被验证装备尽可能接近真值的测试性水平,引入测试性先验信息的根本目的是扩大小子样指标评估问题的样本量,通过建立测试性综合评估模型对指标进行评估,这类方法研究的层次大多集中于系统级,通过融合系统级先验信息进行指标评估,但事实上装备研制过程中系统级的先验信息反而较少,各组成单元的先验信息是较多的,那么构建一个模型框架将系统各组成单元先验信息纳入其中实施推理就十分有必要,如此能最大程度地保证各层级先验信息的运用。

综上所述,以经典统计理论为核心的测试性指标评估技术在武器装备的运用中具备局限性,而小子样测试性验证条件下的多源信息融合方法能很大程度扩大用于评估的样本量,但是对于系统结构特性考虑不足,没能考虑系统底层元件先验信息及其数据特性,因此对于构建统一的测试性验证模型框架,系统化解决测试性指标评估问题就显得尤为重要。

6.2　基于模型的单次抽样试验故障样本量确定技术

6.2.1　先验信息处理

在装备研制、生产以及使用等不同阶段,不同结构单元会存在不同类型的试验数据,包括成败型数据、专家数据等,为了实现 HBN 测试性验证模型的推理,需将其转化为先验分布的形式,针对不同类型的数据需给出不同的处理方法。

1. 成败型数据的处理

无论是采用二项分布,亦或是采用 Beta 分布、F 分布,在具备同样的故障检测/隔离数据条件下,所求得的 FDR/FIR 指标估计结果是一致的,考虑 Beta 分布作为二项分布的共轭分布,在数据处理方面具备优越性,因此工程上通常以 Beta 分布作为测试性指标的先验分布形式。

以层次节点 $X_{(l,n_l)}$ 为例进行说明,设其具备的成败型数据为 $(N_{(l,n_l)}, F_{(l,n_l)})$,根据 $X_{(l,n_l)}$ 是否具备从历史装备获得的"继承先验分布",可分两种情形进行考虑:

(1) 层次节点 $X_{(l,n_l)}$ 存在历史继承先验分布

假设历史装备中层次节点 $X_{(l,n_l)}$ 对应的单元在测试性验证试验中共进行了 $N'_{(l,n_l)}$ 次故障注入试验,未能正确检测/隔离故障次数为 $F'_{(l,n_l)}$,则根据 Hart 采用的经验贝叶斯方法,对应于现有装备相当于进行了历史装备 60% 的试验次数,则继承先验超参数可以确定为 $a_{(l,n_l)} = (N'_{(l,n_l)} - F'_{(l,n_l)}) \times 0.6$,$b_{(l,n_l)} = F'_{(l,n_l)} \times 0.6$,结合式(6.3),即可将成败型数据 $(N_{(l,n_l)}, F_{(l,n_l)})$ 纳入分布中,如此在充分考虑了历史装备数据提供的继承先验前提下,较好地用 Beta 分布融合现有装备的实际测试性验证试验数据,最终得到 $X_{(l,n_l)}$ 的先验信息为

$$\pi(p_{(l,n_l)}) = \text{Beta}(p_{(l,n_l)}; a_{(l,n_l)} + N_{(l,n_l)} - F_{(l,n_l)}, b_{(l,n_l)} + F_{(l,n_l)}) \tag{6.5}$$

（2）层次节点 $X_{(l,n_l)}$ 不存在历史继承先验分布

不具备历史继承先验分布时需将成败型试验数据 $(N_{(l,n_l)}, F_{(l,n_l)})$ 转化为 Beta 分布形式，由统计学理论可以证明抽样特性函数可进一步表示为

$$L(p) = \sum_{y=0}^{c} C_n^y p^{n-y}(1-p)^y = \frac{1}{B(n-c,c+1)}\int_0^p u^{n-c-1}(1-u)^c \mathrm{d}u$$
$$= \mathrm{Beta}(p; n-c; c+1) \tag{6.6}$$

式中，$B(n-c, c+1)$ 表示 Beta 函数，其表达式为

$$B(n-c, c+1) = \int_0^1 u^{(n-c)-1}(1-u)^{(c+1)-1} \mathrm{d}u \tag{6.7}$$

式（6.6）的证明如下：根据分部积分可得

$$\frac{1}{B(n-c,c+1)}\int_0^p u^{n-c-1}(1-u)^c \mathrm{d}u =$$
$$\frac{1}{B(n-c+1,c)}\int_0^p u^{n-c+1-1}(1-u)^{c-1}\mathrm{d}u +$$
$$\frac{n!}{c!\,(n-c)!} p^{n-c}(1-p)^c \tag{6.8}$$

再次对式（6.8）等号右边第一项进行分部积分，则有

$$\frac{1}{B(n-c+1,c)}\int_0^p u^{n-c+1-1}(1-u)^{c-1}\mathrm{d}u =$$
$$\frac{1}{B(n-c+2,c-1)}\int_0^p u^{n-c+2-1}(1-u)^{c-2}\mathrm{d}u +$$
$$\frac{n!}{(c-1)!\,(n-c+1)!} p^{n-c+1}(1-p)^{c-1} \tag{6.9}$$

以此类推，可得

$$\frac{1}{B(n-c,c+1)}\int_0^p u^{n-c-1}(1-u)^c \mathrm{d}u = \sum_{j=n-c}^{n} \frac{n!}{j!\,(n-j)!} p^j(1-p)^{n-j} \tag{6.10}$$

对式（6.10）等号右边进行重新整理以及变量替换，令 $y = n-j$，则

$$\sum_{j=n-c}^{n} \frac{n!}{j!\,(n-j)!} p^j(1-p)^{n-j} = \sum_{j=n-c}^{n} C_n^{n-j} p^j(1-p)^{n-j} = \sum_{0}^{c} C_n^y p^{n-j}(1-p)^y \tag{6.11}$$

故式（6.8）得证。

因此，成败型试验数据 $(N_{(l,n_l)}, F_{(l,n_l)})$ 可转化为 Beta 分布形式，即

$$\pi(p_{(l,n_l)}) = \mathrm{Beta}(N_{(l,n_l)} - F_{(l,n_l)}, F_{(l,n_l)} + 1) \tag{6.12}$$

式（6.12）校正了当前研究中试验数据直接作为先验分布超参数的误区，确保了转化的准确性。

2. 专家信息的处理

同样,根据节点是否存在历史设备继承先验分布,专家信息的给出形式和处理方法会存在一定差异,具体如下:

(1) 层次节点 $X_{(l,n_l)}$ 不存在历史继承先验分布

假设一共有 t 位专家,根据专家知识度赋予相应的权重 $w_i (i=1,2,\cdots,t)$,然后把不同形式的先验信息转化为先验分布的形式。

① 点估计型专家信息:给出节点 $X_{(l,n_l)}$ 测试性指标的点估计 $\hat{p}_i$,基于专家权重可得融合后的点估计为 $\hat{p}=\sum_{i=1}^{t} w_i \hat{p}_i$,故有

$$\int_0^1 p_{(l,m_l)} \cdot \pi(p_{(l,m_l)}) \mathrm{d}p_{(l,m_l)} = \hat{p} \tag{6.13}$$

为了将点估计这类专家经验分布先验信息转化为先验分布,先验超参数可以通过以下的约束问题求取:

$$\begin{cases} \max & H[\pi(p_{(l,m_l)})] \\ \text{s.t.} & a_{(l,n_l)}, b_{(l,n_l)} \geqslant 0 \\ & a_{(l,n_l)}(\hat{p}-1) + b_{(l,n_l)}\hat{p} = 0 \end{cases} \tag{6.14}$$

式中,$H[\pi(p_{(l,m_l)})]$ 表示 $\pi(p_{(l,m_l)})$ 的信息熵,根据信息熵的定义:

$$H(\pi(p_{(l,m_l)})) = -\int_0^1 \pi(p_{(l,m_l)}) \cdot \ln(\pi(p_{(l,m_l)})) \mathrm{d}p_{(l,m_l)} \tag{6.15}$$

② 区间型专家信息:给出置信度水平为 γ 下的 $X_{(l,n_l)}$ 测试性指标的区间估计值 $[p_L^{(i)}, p_U^{(i)}]$,基于专家权重可以得到融合后的 $p_L = \sum_{i=1}^{t} w_i p_L^{(i)}$,$p_U = \sum_{i=1}^{t} w_i p_U^{(i)}$,据此可得

$$\int_{p_L}^{p_U} p_{(l,m_l)} \cdot \pi(p_{(l,m_l)}) \mathrm{d}p_{(l,m_l)} = \gamma \tag{6.16}$$

则在式(6.16)的约束条件下,进一步可以通过以下约束求解先验超参数:

$$\begin{cases} \max & H[\pi(p_{(l,m_l)})] \\ \text{s.t.} & a_{(l,n_l)}, b_{(l,n_l)} \geqslant 0 \end{cases} \tag{6.17}$$

(2) 层次节点 $X_{(l,n_l)}$ 存在历史继承先验分布

① 区间型专家信息:根据下式可将专家信息折合为成败型数据:

$$\begin{cases} \sum_{d=0}^{c'} C_{n'}^d p_L^{(n'-d)} (1-p_L)^d = 1 - \dfrac{1+\lambda}{2} \\ \sum_{d=0}^{c'-1} C_{n'}^d p_U^{(n'-d)} (1-p_U)^d = \dfrac{1+\lambda}{2} \end{cases} \tag{6.18}$$

式中，(n',c') 为折合后的成败型数据。

② 单侧置信下限型专家信息：除了给出点估计 $\hat{p}_i$ 外，需给出置信度 η 下对应的

下限值 $\hat{p}_{L,\eta,i}$，则有 $\hat{p}_{L,\eta} = \sum_{i=1}^{t} w_i \hat{p}_{L,\eta,i}$，则根据下式可将专家信息折合为成败型数据：

$$
\begin{cases}
\hat{p} = \dfrac{n'' - c''}{n''} \\
\sum_{f=0}^{c''} C_{n''}^{f} \hat{p}^{(n''-f)} (1 - \hat{p}_{L,\eta})^f = 1 - \eta
\end{cases}
\tag{6.19}
$$

式中，(n'',c'') 为折合后的成败型数据。

通过式（6.18）和式（6.19）所确定的折合后的成败型数据，结合历史继承先验分布即可按照成败型数据的处理原则如式（6.5）确定最终先验分布。

按照以上数据处理原则，即可实现不同类型专家信息以及成败型信息的转换和融合问题，有针对性地对数据进行了管理，避免数据转换形式的混乱，按相应的处理原则能实现系统结构模型所蕴含的先验信息转变为节点的先验分布，为下一步融合推理奠定基础。

6.2.2　融合推理算法

设层次节点 $X_{(l,n_l)}$ 的 FDR 用符号表示为 $p_{(l,n_l)}$，则 $X_{(l,n_l)}$ 先验信息来源分为两部分：一是由节点自身所具备的先验信息，称为"自先验"，用符号 $\pi_s(p_{(l,n_l)})$ 表示；二是由 $X_{(l,n_l)}$ 的下层或同层父节点传递而来的先验信息，称之为"传递先验"，用符号 $\pi_d(p_{(l,n_l)})$ 表示。传递先验分布和自先验分布的融合可得到层次节点 $X_{(l,n_l)}$ 的联合先验分布，根据贝叶斯方法，与层次节点具备的实物成败型测试性验证数据相结合，即可得到层次节点的后验分布，因此融合推理的关键因素是确定层次节点的自先验分布和传递先验分布。

和 5.3.1 节层次节点的定义一样，根据父节点的位置情况，仍可以将层次节点 $X_{(l,n_l)}$ 划分为 3 类：① Ⅰ 型层次节点 $X_{(l,n_l)}^{\text{I}}$，表示其不具备父层次节点，即满足 $pa(X_{(l,n_l)}^{\text{I}}) = \varnothing$；② Ⅱ 型层次节点 $X_{(l,n_l)}^{\text{II}}$，表示仅具备下层父层次节点，即满足 $pa_1(X_{(l,n_l)}^{\text{II}}) \neq \varnothing$ 和 $pa_2(X_{(l,n_l)}^{\text{II}}) = \varnothing$，其中符号 $pa_1(X_{(l,n_l)}^{\text{II}})$ 表示下层父节点，$pa_2(X_{(l,n_l)}^{\text{II}})$ 表示同层父节点；③ Ⅲ 型层次节点 $X_{(l,n_l)}^{\text{III}}$，表示至少具备同层父层次节点，即满足 $pa_2(X_{(l,n_l)}^{\text{II}}) \neq \varnothing$。具体示意如图 6.2 所示。

（1）自先验分布 $\pi_s(p_{(l,n_l)})$ 的确定

对于 $X_{(l,n_l)}^{\text{I}}$ 而言，仅具备自先验信息，通过式（5.2），自先验分布可以表示为

$$
\pi_s(p_{(l,n_l)}^{\text{I}}) \triangleq \text{Beta}(p_{(l,n_l)}^{\text{I}}; \alpha_{(l,n_l)}^{\text{I}}, \beta_{(l,n_l)}^{\text{I}})
\tag{6.20}
$$

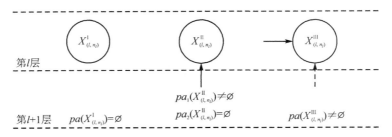

图 6.2　$X_{(l,n_l)}$ 的 3 种类型示意图

（2）传递先验分布 $\pi_i(p_{(l,n_l)})$ 的确定

对于 $X_{(l,n_l)}^{\mathrm{II}}$，可根据式（5.7）求解，即

$$P(X_{(l,n_l)}^{\mathrm{II}}) = \sum_{pa_1(X_{(l,n_l)}^{\mathrm{II}})} P(X_{(l,n_l)}^{\mathrm{II}} \mid pa_1(X_{(l,n_l)}^{\mathrm{II}})) \cdot P(pa_1(X_{(l,n_l)}^{\mathrm{II}}))$$

$$= \sum_{pa_1(X_{(l,n_l)}^{\mathrm{II}})} \Bigg\{ P(X_{(l,n_l)}^{\mathrm{II}} \mid pa_1(X_{(l,n_l)}^{\mathrm{II}})) \cdot \Bigg[\prod_{X_{(l+1,n_l')}^{\mathrm{I}} \in pa_1(X_{(l,n_l)}^{\mathrm{II}})} P(X_{(l+1,n_l')}^{\mathrm{I}}) \cdot$$

$$\prod_{X_{(l+1,n_l'')}^{\mathrm{II}} \in pa_1(X_{(l,n_l)}^{\mathrm{II}})} P(X_{(l+1,n_l'')}^{\mathrm{II}}) \cdot \prod_{X_{(l+1,n_l'')}^{\mathrm{III}} \in pa_1(X_{(l,n_l)}^{\mathrm{II}})} P(X_{(l+1,n_l'')}^{\mathrm{III}} \mid pa_1(X_{(l+1,n_l'')}^{\mathrm{III}})) \Bigg] \Bigg\}$$

$$(6.21)$$

式中，$P(X_{(l+1,n_l')}^{\mathrm{I}})$ 可通过式（6.20）得到，$P(X_{(l+1,n_l'')}^{\mathrm{II}})$ 按照 II 型层次节点的递推求解式（6.21）进行迭代，$P(X_{(l+1,n_l'')}^{\mathrm{III}} \mid pa_1(X_{(l+1,n_l'')}^{\mathrm{III}}))$ 则由 III 型节点 $X_{(l+1,n_l'')}^{\mathrm{III}}$ 的 CPT 确定。如此即可确定 $P(X_{(l,n_l)}^{\mathrm{II}})$，进一步 II 型节点传递先验可表示

$$\pi_d(p_{(l,n_l)}^{\mathrm{II}}) = P(X_{(l,n_l)}^{\mathrm{II}} = 1) \tag{6.22}$$

同理对于 $X_{(l,n_l)}^{\mathrm{III}}$，可由相应的 III 型节点的 CPT 和相应 II 型层次节点以及 I 型层次节点的乘积项共同确定，故 III 型节点传递先验可表示为

$$\pi_d(p_{(l,n_l)}^{\mathrm{III}}) = P(X_{(l,n_l)}^{\mathrm{III}} = 1) \tag{6.23}$$

特殊地，HBN 测试性验证模型中存在越层传递的情形，即需对虚拟节点进行特殊化处理。对于虚拟节点而言，虚拟节点完全传递其父层次节点的所有状态，即完全传递。因此，是否考虑虚拟节点（即越层包含的情形），均能有效保证上述传递先验的确定。

事实上，根据式（6.21）的求解过程，很难从中得到传递先验的解析解形式，5.3.3节所提 G/M – H 算法能解决后验分布确定的问题，但是后验分布不具备一定的表现形式，如需后续计算则比较困难，同时 G/M – H 算法未能考虑节点自先验分布情况。因此通过 Monte Carlo 方法对传递先验分布进行拟合，考虑不同拟合分布的选取会造成偏差，给出一种基于偏度–峰度（skewness – kurtosis，s – k）检验的拟合分布优化选取方法。

　　偏度是用来描述总体数据分布形态的统计量,峰度则是用来描述总体数据分布形态陡峭程度的统计量,然后以基准正态分布作为比较对象,则偏度、峰度可通过下式进行计算:

$$\begin{cases} k = \dfrac{1}{n-1} \sum\limits_{i=1}^{n} (x_i - \bar{x})^4 / \sigma^4 \\ s = \dfrac{1}{n-1} \sum\limits_{i=1}^{n} (x_i - \bar{x})^3 / \sigma^3 \end{cases} \tag{6.24}$$

式中,k 表示样本数据的峰度值;s 表示样本数据的偏度值;x_i 表示拟确定分布的样本值;$\bar{x}$ 表示样本数据的平均值;σ 表示样本数据的均方差。

　　对于不同的分布都有其各自的偏度和峰度,对未知分布的偏度、峰度值与各分布偏度、峰度点(线、区域)进行对比,可以在一定约束条件下判断未知分布数据的分布形式,及其服从该分布的服从程度。图 6.3 给出了常见理论分布在 $s^2 - k$ 检验图中的形式,根据观察点的取值即可确定拟合分布的选取问题。

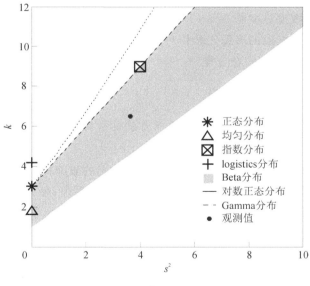

图 6.3　$s^2 - k$ 检验图

　　由于偏度存在取负值的情形,仿真时设置横坐标为偏度平方 s^2,纵坐标为峰度 k,从图中可以得到正态分布、均匀分布、指数分布以及 logistics 分布在 $s^2 - k$ 检验图中的表现形式为特定值,Gamma 分布和对数正态分布在其中的表现形式为一条直线,Beta 分布的表现形式是区域,通过给定拟合样本在 $s^2 - k$ 检验图中的观测值,即可对拟合分布进行筛选。

当通过 $s^2 - k$ 检验确定传递先验分布的分布形式后,即可通过最大似然法确定拟合分布的超参数。当节点自先验和传递先验均确定后,需要对其进行融合获取节点的融合先验分布 $\pi_{\mathrm{f}}(p_{(l,n_l)})$,无论是 II 型还是 III 型层次节点,均可以按下式进行确定:

$$\pi_{\mathrm{f}}(p_{(l,n_l)}) = w_{(l,n_l)}^{\mathrm{d}} \pi_{\mathrm{d}}(p_{(l,n_l)}) + w_{(l,n_l)}^{\mathrm{s}} \pi_{\mathrm{s}}(p_{(l,n_l)}) \tag{6.25}$$

式中,$w_{(l,n_l)}^{\mathrm{s}} \in [0,1]$ 表示层次节点 $X_{(l,n_l)}$ 自先验分配权重,$w_{(l,n_l)}^{\mathrm{d}} \in [0,1]$ 表示传递先验分配权重,二者满足 $w_{(l,n_l)}^{\mathrm{i}} + w_{(l,n_l)}^{\mathrm{d}} = 1$。

分配权重 $w_{(l,n_l)}^{\mathrm{d}}$ 和 $w_{(l,n_l)}^{\mathrm{s}}$ 的确定原则与自先验和传递先验可信度相关,如果自先验可信度低于传递先验,则相应的 $w_{(l,n_l)}^{\mathrm{s}}$ 取值应较大,确保融合分布 $\pi_{\mathrm{f}}(p_{(l,n_l)})$ 中以传递先验为主导;如果传递先验可信度低于自先验,则 $w_{(l,n_l)}^{\mathrm{d}}$ 取值应较大,确保融合分布中以自先验为主导,取值可通过领域专家进行确定。

按上述方法即可实现融合先验分布 $\pi_{\mathrm{f}}(p_{(l,n_l)})$ 的计算,解决了 HBN 测试性验证模型中第 l 层层次节点 $X_{(l,n_l)}$ 的测试性先验信息缺乏的问题,进一步结合层次节点的测试性验证成败型试验数据,得到节点后验分布。以此类推,若将各节点的自先验、传递先验和成败型试验数据采用同样的方式进行处理,则最终可得到系统的先验分布,然后结合系统层的多源先验信息进一步融合,即可得到系统的后验分布,完成 HBN 测试性验证模型的融合推理。

6.2.3 故障样本量确定算法

当前测试性验证领域中基于单次抽样方法的故障样本量确定主要可以分为以下几种:

(1)不考虑先验信息条件下,基于经典风险准则的故障样本量确定

通常考虑两个准则:承制方风险不高于最高可接受值;使用方风险同时满足不高于最高可接受值的要求。6.1 节式(6.1)和式(6.2)即描述了这两个需求,承制方风险为当 $p = p_0$ 时,装备无法通过验证的概率 R_{p};使用方风险为当 $p = p_1$ 时,装备通过验证的概率 R_{c},进一步可以表示为

$$\begin{cases} R_{\mathrm{p}} = P(\mathrm{refuse} \mid \mathrm{p}_0) = 1 - L(p_0) \leqslant \alpha \\ R_{\mathrm{c}} = P(\mathrm{accept} \mid p_1) = L(p_1) \leqslant \beta \end{cases} \tag{6.26}$$

(2)考虑先验信息条件下,基于平均风险准则的故障样本量确定

平均风险准则类似于经典风险准则,只不过将式(6.26)条件概率中的条件 p_0 和 p_1 更换为 $p \geqslant p_0$ 和 $p \leqslant p_1$。则平均承制方风险为当 $p \geqslant p_0$ 时,装备无法通过验证的概率 $R_{\mathrm{p}}^{\mathrm{a}}$;平均使用方风险为当 $p \leqslant p_1$ 时,装备通过验证的概率 $R_{\mathrm{c}}^{\mathrm{a}}$,可通过下式确定:

$$
\begin{cases}
R_{\mathrm{p}}^{\mathrm{a}} = P(\mathrm{refuse} \mid p \geqslant p_0) = \dfrac{P(y > c, p \geqslant p_0)}{P(p \geqslant p_0)} = \dfrac{\displaystyle\int_{p_0}^{1} (1 - L(p))\pi(p)\mathrm{d}p}{\displaystyle\int_{p_0}^{1} \pi(p)\mathrm{d}p} \leqslant \alpha \\[4ex]
R_{\mathrm{c}}^{\mathrm{a}} = P(\mathrm{accept} \mid p \leqslant p_1) = \dfrac{P(y \leqslant c, p \leqslant p_1)}{P(p \leqslant p_1)} = \dfrac{\displaystyle\int_{0}^{p_1} (1 - L(p))\pi(p)\mathrm{d}p}{\displaystyle\int_{0}^{p_1} \pi(p)\mathrm{d}p} \leqslant \beta
\end{cases}
$$

$$\text{(6.27)}$$

（3）考虑先验信息条件下，基于后验风险准则的故障样本量确定

贝叶斯后验风险准则不同于经典风险准则和平均风险准则，其目的是保证承制方和使用方具备更进一步的需求：后验承制方风险为承制方期望对于未通过验证的装备，使得 $p \geqslant p_0$ 的概率 R_{pp} 最大；后验使用方风险为使用方期望对于通过验证的装备，使得 $p \leqslant p_1$ 的概率 R_{pc} 最大，可通过下式进行确定：

$$
\begin{cases}
R_{\mathrm{pp}} = P(p \geqslant p_0 \mid \mathrm{refuse}) = \displaystyle\int_{p_0}^{1} P(p \mid y > c)\mathrm{d}p \\[3ex]
\quad = \displaystyle\int_{p_0}^{1} \dfrac{P(y > c \mid p)\pi(p)}{\displaystyle\int_{0}^{1} P(y > c \mid p)\pi(p)\mathrm{d}p} \mathrm{d}p = \dfrac{\displaystyle\int_{p_0}^{1} (1 - L(p))\pi(p)\mathrm{d}p}{\displaystyle\int_{0}^{1} (1 - L(p))\pi(p)\mathrm{d}p} \leqslant \alpha \\[4ex]
R_{\mathrm{pc}} = P(p \leqslant p_1 \mid \mathrm{accept}) = \displaystyle\int_{0}^{p} P(p \mid y \leqslant c)\mathrm{d}p \\[3ex]
\quad = \displaystyle\int_{0}^{p_1} \dfrac{P(y \leqslant c \mid p)\pi(p)}{\displaystyle\int_{0}^{1} P(y \leqslant c \mid p)\pi(p)\mathrm{d}p} \mathrm{d}p = \dfrac{\displaystyle\int_{0}^{p_1} L(p)\pi(p)\mathrm{d}p}{\displaystyle\int_{0}^{1} L(p)\pi(p)\mathrm{d}p} \leqslant \beta
\end{cases}
$$

$$\text{(6.28)}$$

由此可见，经典风险准则和平均风险准则的核心思想是保证装备 FDR/FIR 满足要求时以较高的概率通过验证，不满足要求是以较高的概率不通过验证；而后验风险准则更注重装备未通过验证时满足 FDR/FIR 指标要求的概率最大，装备通过验证时不满足 FDR/FIR 指标要求的概率最大。在对装备进行测试性验证试验时，承制方和使用方往往更关注后验概率，这正是由于在一次验证试验后，装备未通过验证，但装备的测试性指标却满足要求，这无疑会对承制方造成损失；而装备通过验证试验，但装备的测试性指标却不满足要求，这无疑会对使用方造成损失。但式(6.28)中未能考虑装备在已有观测数据前提下的后验风险问题，假设已知系统验证试验的观测数据为 (n_0, c_0)，用后验分布 $\pi(p \mid (n_0, c_0))$ 代替先验分布 $\pi(p)$，如此则能体现出 $p \geqslant p_0 \mid (n_0, c_0)$ 时承制方对装备无法通过验证的接受程度，$p \leqslant p_1 \mid (n_0, c_0)$ 时使用方对装备通过验证的支持程度，则相应的双方后验风险 R'_{pp} 和 R'_{pc} 满足：

$$\begin{cases} R'_{pp}=P(p\geqslant p_0 \mid \mathrm{refuse},(n_0,c_0))=\dfrac{\displaystyle\int_{p_0}^{1}(1-L(p))\pi(p\mid(n_0,c_0))\mathrm{d}p}{\displaystyle\int_{0}^{1}(1-L(p))\pi(\mid(n_0,c_0))\mathrm{d}p}\leqslant\alpha \\[4mm] R'_{pc}=P(p\leqslant p_1 \mid \mathrm{accept},(n_0,c_0))=\dfrac{\displaystyle\int_{0}^{p_1}L(p)\pi(p\mid(n_0,c_0))\mathrm{d}p}{\displaystyle\int_{0}^{1}L(p)\pi(p\mid(n_0,c_0))\mathrm{d}p}\leqslant\beta \end{cases}$$

$$(6.29)$$

可以看出双方后验风险 R'_{pp} 和 R'_{pc} 与后验分布 $\pi(p\mid(n_0,c_0))$ 有关,而通过 HBN 测试性验证模型的融合推理方法能得到系统的融合先验分布,结合系统测试性验证观测数据 (n_0,c_0),即可确定系统的融合后验分布。因此,后验分布 $\pi(p\mid(n_0,c_0))$ 可求,则随机生成 M 个服从 $\pi(p\mid(n_0,c_0))$ 的样本数据集 $p^{(i)}\sim\pi(p\mid(n,c))(i=1,2,\cdots,N)$,则依据 Monte Carlo 积分法的求解方法:

$$E[q(x)]=\int q(x)p(x)\mathrm{d}x\approx\frac{1}{M}\sum_{i=1}^{M}q(x_i) \qquad(6.30)$$

式中,通过生成 $p(x)$ 的 M 个随机样本 $x_1,x_2,\cdots,x_M$ 近似处理该期望值,M 越大则估计效果越好。

则通过式(6.30)可以对双方后验风险 R'_{pp} 和 R'_{pc} 进行估计:

$$\begin{cases} R'_{pp}\approx\dfrac{\dfrac{1}{M}\sum_{i=1}^{M}\left[1-\sum_{y=0}^{c}\binom{n}{y}(1-p^{(i)})^y(p^{(i)})^{n-y}\right]I(p^{(i)}\geqslant p_0)}{1-\dfrac{1}{N}\sum_{i=1}^{N}\left[\sum_{y=0}^{c}\binom{n}{y}(1-p^{(i)})^y(p^{(i)})^{n-y}\right]} \\[8mm] R'_{pc}\approx\dfrac{\sum_{i=1}^{M}\left[\sum_{y=0}^{c}\binom{n}{y}(1-p^{(i)})^y(p^{(i)})^{n-y}\right]I(p^{(i)}\leqslant p_1)}{\sum_{i=1}^{M}\left[\sum_{y=0}^{c}\binom{n}{y}(1-p^{(i)})^y(p^{(i)})^{n-y}\right]} \end{cases}$$

$$(6.31)$$

式中,$I(p^{(i)}\geqslant p_0)$ 和 $I(p^{(i)}\leqslant p_1)$ 表示示性函数,具体含义如下:

$$\begin{cases} I(p^{(i)}\geqslant p_0)=\begin{cases}1, & p^{(i)}\geqslant p_0 \\ 0, & p^{(i)}<p_0\end{cases} \\[4mm] I(p^{(i)}\leqslant p_1)=\begin{cases}1, & p^{(i)}\leqslant p_1 \\ 0, & p^{(i)}>p_1\end{cases} \end{cases}$$

$$(6.32)$$

进一步,将式(6.31)和式(6.32)带入式(6.29)中,通过不等式约束条件求解满足条件的最小样本量及对应的最大允许检测隔离失败数 (n,c),具体求解流程如图 6.4 所示。

图中 $(N_{(1,1)},F_{(1,1)})$ 为系统 $X_{(1,1)}$ 的成败型试验数据,$\pi_f(p_{(1,1)}\mid(N_{(1,1)},F_{(1,1)}))$

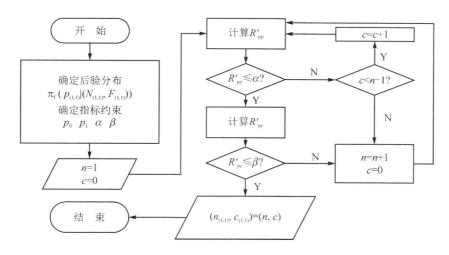

图 6.4　基于后验样本集和后验风险准则的故障样本量确定求解流程

表示系统后验分布,$(n_{(1,1)},c_{(1,1)})$即为所求。

6.2.4　案例验证

以某型装备高度设备为研究对象,通过结构分析,其由主机、收发天馈单元构成,而主机又可以分为微波收发组件、接收和信号处理组合以及电源组合,收发天馈单元由天线和馈线组成,因此可共划分为 3 个层级,构建 HBN 测试性验证模型如图 6.5 所示。

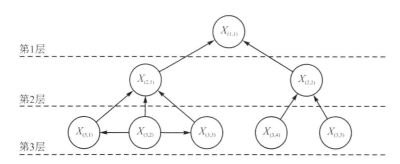

图 6.5　无线高度表 HBN 测试性验证模型

1. 先验信息确定

在测试性设计、研制阶段,各单元均累积了一定的试验数据和先验认知,对应各层次节点先验分布超参数(服从 Beta 分布)和成败型数据如表 6.2 所列。

表 6.2　先验分布和实物试验数据

层次节点	成功次数	总计次数	Beta 分布超参数	
			a	b
$X_{(1,1)}$	3	4	0.5	0.5
$X_{(2,1)}$	5	6	0.5	0.5
$X_{(2,2)}$	4	5	0.5	0.5
$X_{(3,1)}$	8	10	6.8	1.4
$X_{(3,2)}$	8	9	8.1	1.5
$X_{(3,3)}$	7	8	8.0	1.2
$X_{(3,4)}$	5	5	9.2	1.2
$X_{(3,5)}$	5	5	9.3	1.1

　　贝叶斯网络条件概率的确定是实现推理的一个难点问题,通常由大量的统计试验以及专家知识进行确定。而考虑到复杂装备的特殊性,必然通过测试性验证所提供的数据是小样本的,故无法通过大量统计试验确定条件概率。同时考虑专家知识所具备的不确定性,因此采用多专家决策融合方法确定无线电高度表的 HBN 测试性验证模型概率参数,各节点的 CPT 如表 6.3 所列。

表 6.3　模型概率参数

CPT 序号	条件概率	$v=0$	$v=1$
1	$P(X_{(3,3)}=v \mid X_{(3,2)}=0)$	0.31	0.69
	$P(X_{(3,3)}=v \mid X_{(3,2)}=1)$	0.05	0.95
2	$P(X_{(3,1)}=v \mid X_{(3,2)}=0)$	0.35	0.65
	$P(X_{(3,1)}=v \mid X_{(3,2)}=1)$	0.06	0.94
3	$P(X_{(2,2)}=v \mid X_{(3,4)}=0, X_{(3,5)}=0)$	0.55	0.45
	$P(X_{(2,2)}=v \mid X_{(3,4)}=0, X_{(3,5)}=1)$	0.26	0.74
	$P(X_{(2,2)}=v \mid X_{(3,4)}=1, X_{(3,5)}=0)$	0.15	0.85
	$P(X_{(2,2)}=v \mid X_{(3,4)}=1, X_{(3,5)}=1)$	0.04	0.96
4	$P(X_{(2,1)}=v \mid X_{(3,1)}=0, X_{(3,2)}=0, X_{(3,3)}=0)$	1.00	0
	$P(X_{(2,1)}=v \mid X_{(3,1)}=0, X_{(3,2)}=0, X_{(3,3)}=1)$	0.45	0.55
	$P(X_{(2,1)}=v \mid X_{(3,1)}=0, X_{(3,2)}=1, X_{(3,3)}=0)$	0.40	0.6
	$P(X_{(2,1)}=v \mid X_{(3,1)}=1, X_{(3,2)}=0, X_{(3,3)}=0)$	0.43	0.57
	$P(X_{(2,1)}=v \mid X_{(3,1)}=0, X_{(3,2)}=1, X_{(3,3)}=1)$	0.18	0.82
	$P(X_{(2,1)}=v \mid X_{(3,1)}=1, X_{(3,2)}=0, X_{(3,3)}=1)$	0.14	0.86
	$P(X_{(2,1)}=v \mid X_{(3,1)}=1, X_{(3,2)}=1, X_{(3,3)}=0)$	0.15	0.85
	$P(X_{(2,1)}=v \mid X_{(3,1)}=1, X_{(3,2)}=1, X_{(3,3)}=1)$	0.03	0.97

续表 6.3

CPT 序号	条件概率	$v=0$	$v=1$
5	$P(X_{(1,1)}=v \mid X_{(2,1)}=0, X_{(2,2)}=0)$	1.00	0
	$P(X_{(1,1)}=v \mid X_{(2,1)}=0, X_{(2,2)}=1)$	0.48	0.52
	$P(X_{(1,1)}=v \mid X_{(2,1)}=1, X_{(2,2)}=0)$	0.37	0.63
	$P(X_{(1,1)}=v \mid X_{(2,1)}=1, X_{(2,2)}=1)$	0	1.00

2. 融合推理

以层次节点 $X_{(3,1)}$ 为例进行说明,由于 $X_{(3,2)}$ 无父节点,根据表 6.1 和式(6.3)可得到 $X_{(3,2)}$ 的 FDR 后验分布为 Beta(16.1,2.5),同时由式(6.21)可得

$$P(X_{(3,1)}) = \sum_{X_{(3,2)}} P(X_{(3,1)} \mid X_{(3,2)}) \cdot P(X_{(3,2)}) \tag{6.33}$$

基于式(6.33)进行 Monte Carlo 抽样,计算样本数据集的偏度和峰度值,然后生成样本数据集在 $s^2 - k$ 检验图中的观察点,据此选取拟合分布形式为 Beta 分布形式,然后基于最大似然法估计 Beta 分布的超参数,即得到 $X_{(3,1)}$ 的传递先验为 Beta(171.50,18.85),同时可确定超参数估计的标准差为 $(\delta_a, \delta_b) = (0.243\,3, 0.026\,4)$,此处假定 $0 < \delta_a \leqslant 1, 0 < \delta_b \leqslant 0.1$ 时,可认为样本数据来源于 Beta 分布,根据专家知识,设定 Beta 自先验权重 $w^s_{(3,1)} = 0.8$,则传递先验权重为 $w^s_{(3,1)} = 0.8$,再次通过抽样拟合及试验数据得到融合后验分布 Beta(48.54,6.89)。其他节点可类似处理,表 6.4 给出了各层次节点传递先验分布、融合后验分布及其主要统计量。

表 6.4　不同节点 FDR 相关统计量

层次节点	传递先验分布				权重分配		后验分布				
	a	b	δ_a	δ_b	$w^s_{(l,n_l)}$	$w^d_{(l,n_l)}$	a	b	均值	δ	95% 置信区间
$X_{(1,1)}$	353.03	33.89	0.500 0	0.047 7	0.1	0.9	321.78	31.55	0.910 7	0.015 1	[0.878 8, 0.938 0]
$X_{(2,1)}$	231.66	21.27	0.328 6	0.029 8	0.5	0.5	122.08	11.88	0.911 3	0.024 5	[0.857 8, 0.953 2]
$X_{(2,2)}$	215.96	15.26	0.306 8	0.021 3	0.5	0.5	112.23	8.88	0.926 7	0.023 6	[0.874 3, 0.965 8]
$X_{(3,1)}$	171.49	18.85	0.243 2	0.026 4	0.8	0.2	48.54	6.89	0.875 7	0.043 9	[0.777 8, 0.948 2]
$X_{(3,2)}$	—	—	—	—	1.0	—	16.10	2.50	0.865 6	0.077 0	[0.682 4, 0.975 7]
$X_{(3,3)}$	189.25	16.58	0.268 6	0.024 6	0.8	0.2	52.25	5.48	0.905 1	0.038 2	[0.818 3, 0.965 7]
$X_{(3,4)}$	—	—	—	—	1.0	—	14.20	1.20	0.922 1	0.066 2	[0.750 9, 0.996 4]
$X_{(3,5)}$	—	—	—	—	1.0	—	14.30	1.10	0.928 5	0.063 6	[0.761 9, 0.997 4]

图 6.6 则给出了各层次节点 $s^2 - k$ 检验情况,以此确定观察点趋近于哪种分布类型,从而选择适合的拟合分布。为了验证本章方法的适用性,同时给出了各层次节点有无 HBN 融合推理的 FDR 的后验分布对比情况。

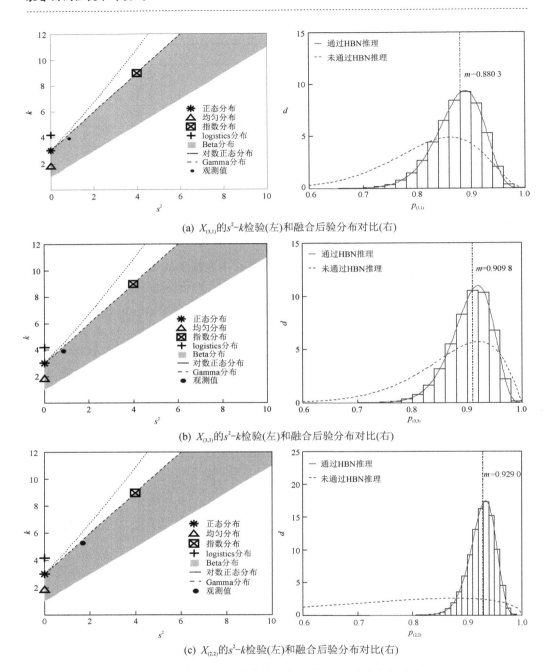

(a) $X_{(3,1)}$的s^2-k检验(左)和融合后验分布对比(右)

(b) $X_{(3,3)}$的s^2-k检验(左)和融合后验分布对比(右)

(c) $X_{(2,2)}$的s^2-k检验(左)和融合后验分布对比(右)

图 6.6 有无 HBN 融合推理方法的 FDR 后验分布对比

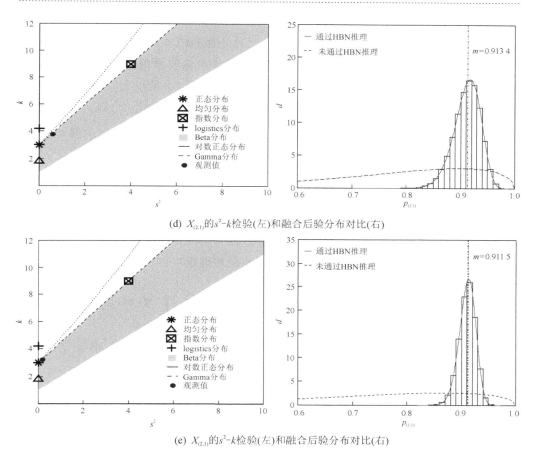

(d) $X_{(2,1)}$的s^2-k检验(左)和融合后验分布对比(右)

(e) $X_{(2,1)}$的s^2-k检验(左)和融合后验分布对比(右)

图 6.6　有无 HBN 融合推理方法的 FDR 后验分布对比(续)

图 6.6 中右图横坐标表示各节点的 FDR 指标,纵坐标表示分布的概率密度,并在图中标识出经 HBN 测试性验证模型融合推理后的各节点 FDR 指标后验中位数 m 作为参考。从图中可以看出,有无 HBN 融合推理各层次节点 FDR 后验分布差异十分明显:经过 HBN 测试性验证模型融合推理后的后验概率密度估计准确度更高,这一点可从表 6.3 中不同节点的统计量——95％置信区间以及后验分布均值得到;而未经过融合推理得到节点 FDR 的后验分布由于节点先验假定为无信息先验以及实际试验样本量较小,从图中很明显地反映出后验分布趋势平缓。这种情况的产生均是节点 $X_{(1,1)}$、$X_{(2,1)}$ 和 $X_{(2,2)}$ 的测试性验证试验数据缺乏所导致的,因此充分利用装备结构层次中蕴含的先验信息,有助于增加对于系统 FDR 后验分布的认知程度。

3. 后验样本量确定

通过融合推理得到系统 $X_{(1,1)}$ 的融合先验分布为 $\pi_f(p_{(1,1)})=\mathrm{Beta}(318.78, 30.55)$,结合 $X_{(1,1)}$ 的成败型试验数据$(N_{(1,1)}, F_{(1,1)})=(4,1)$,可得系统的融合后验

分布为

$$\mathrm{FDR_s} \triangleq \pi_f(p_{(1,1)} \mid (N_{(1,1)}, F_{(1,1)})) = \mathrm{Beta}(321.78, 31.55) \quad (6.34)$$

承制方和使用方对无线电高度表的测试性设计指标要求值和风险约束为 $p_0 = 0.95$，$p_1 = 0.90$ 和 $\alpha = \beta = 0.1$。选取样本数 $M = 50\ 000$，生成后验样本集 $\{\mathrm{FDR_s^{(i)}}\} \sim \mathrm{Beta}(321.78, 31.55)$，从中得到子集 $\{\mathrm{FDR_s^{(i)}} \mid \mathrm{FDR_s^{(i)}} \geqslant p_0\}$ 以及子集 $\{\mathrm{FDR_s^{(i)}} \mid \mathrm{FDR_s^{(i)}} \leqslant p_1\}$，按照求解流程即可求得满足指标需求的最小故障样本量，即 $(n,c) = (33,0)$。

综上，本节基于后验样本集和后验风险准则的样本量确定方法，通过结合系统测试性数据，增加装备未通过测试承制方对装备拒收的接受程度以及装备通过测试承制方对装备接收的支持程度，所确定的样本量较经典测试性验证方法和传统贝叶斯测试性验证方法均大为减少，同时相较于后验风险准则方法，本节所提方法能根据系统试验数据对融合先验分布的支持程度相应地确定样本量。

6.3 基于 Sobol 序列的序贯验证样本分配方法

6.2 节主要针对样本量已知条件下的样本分配方法进行了研究，本节考虑序贯测试性验证试验样本不固定的情形，研究序贯验证时的样本分配方法。

6.3.1 按比例随机抽样方法

GJB 2072 中给出的按比例随机抽样方法是根据故障的相对发生频率将 m 个故障映射到 $[0,1)$ 区间上，然后乘以 100，形成的累积区间如下：

$$\begin{cases} L_1 = [0, \lfloor 100 \times C_1 \rfloor) \\ L_j = \left[\left\lfloor 100 \times \sum_1^{j-1} C_j \right\rfloor, \left\lfloor 100 \times \sum_1^{j} C_j \right\rfloor \right), \quad 1 < j \leqslant m-1 \\ L_m = \left[\left\lfloor 100 \times \sum_1^{m-1} C_j \right\rfloor, 100 \right) \end{cases} \quad (6.35)$$

式中，$\lfloor \cdot \rfloor$ 表示向下取整；C_j 表示第 j 个故障模式的故障相对发生频率；L_j 表示第 j 个故障模式的累积区间。

通过随机抽样的方法从 0 到 99 中抽取样本，样本所在区间对应的故障模式即选中，实现按比例简单随机抽样。

6.3.2 基于 Sobel 序列的样本分配方法

进一步通过式（6.35）可以直观反映出在序贯测试性验证试验中有两点不足：① 按比例随机抽样方法仅将故障的相对发生频率作为样本分配因子，区分了节点样本分配和故障模式分配的分配因子选择问题,在进行序贯验证试验时,仍然应当进行区分。和样本已知时样本二次分配方案不同的是,首先应当通过简单随机抽样的方法选取某一单元,然后基于选定的这一单元,在其故障模式集中抽取故障模式,实现每次注入一个故障模式的样本选取。② 在进行简单随机抽样时所运用的随机数生成算法并非真正的"随机"数,而是借助一定的算法及相应的种子参数利用计算机生成的伪随机数(pseudo - random number,PRN),这类随机数局限于其总是在一个有限长的循环集合中产生,这样生成的均匀分布具备显著的差异性,在小样本和高维空间的情形下更甚。

针对随机数生成的问题,1.4.2 节已经分析得到测试性序贯验证试验中更偏重随机序列的确定性(即均匀性),而随机序列的偏差是对点的分布均匀性的一种测度。为了满足随机数均匀性的需求,研究人员通过新的随机数生成方法得到了准随机数(quasi - random number,QRN),据此产生低偏差的确定性序列,且具备能保证任意长的子序列均能均匀填充分布空间的优势。QRN 能够生成稳定的具备低差异性的样本,同时与样本量的大小或者空间维度无关,完美契合序贯验证试验的需求。

1. 准随机序列的选择

事实上,Halton 序列、Faure 序列以及 Sobol 序列是目前三种较为常用的辅助生成均匀分布的准随机序列(亦称为低偏差序列),而选取何种序列作为序贯抽样的基础,则需根据准随机序列的均匀性进行确定。要对序列均匀性进行比较,需首先给出不同序列的生成算法。

(1) Halton 序列的构造

Halton 序列生成的步骤如下:

① 选择 m 个基 $b_1,b_2,\cdots,b_m$,通常选为前 m 个素数;;

② 给定某一个整数 n,可将 n 表示为 $n = \sum_{i=0}^{r} a_i(j,n)b_j^i$;

③ 若记第 j 个基底的逆函数为 $\Phi_{b_j}(n) = \sum_{i=0}^{r} a_i(j,n)b_j^{-i-1}$,则定义序列 $x_n = (\Phi_{b_1}(n),\Phi_{b_2}(n),\cdots,\Phi_{b_r}(n))$ 为 Halton 序列。

(2) Faure 序列的构造

Faure 序列生成的步骤如下:

① 给定某一个整数 n 和基底 b,则可将 n 表示为 $n = \sum_{i=0}^{r} a_i(j,n)b^i$;

② 序列中某个随机数向量的第一个元素为 $x_n^1 = \sum_{i=0}^{r} a_i^1(n)b^{-(i+1)}$,假设已知 $a_i^{j-1}(n)$,则 $a_i^j(n)$ 可以用以下公式求解:

$$a_i^j(n) = \sum \frac{k!}{i!\,(k-i)!} a_i^{j-1}(n) \bmod p \tag{6.36}$$

③ 定义序列 $x_n^j = \sum_{i=0}^{r} a_i^j(n) b^{-(i+1)}$ 为 Faure 序列。

（3）Sobol 序列的构造

Sobol 序列是基于一组叫作"直接数"的数 $d_i = q_i/2^i$（q_i 是小于 2^i 的正奇数）构造的，构造步骤如下：

① 数 d_i 的产生通过系数仅有 0 或 1 的多项式进行确定：

$$f(y) = y^p + a_1 y^{p-1} + \cdots + a_{p-1} y + a_p \tag{6.37}$$

对 $i > p$，则有递归公式：

$$d_i = a_1 d_{i-1} \oplus a_2 d_{i-2} \oplus \cdots \oplus a_p d_{i-p} \oplus \lfloor d_{i-p}/2^p \tag{6.38}$$

式中，符号 $\oplus$ 表示二进制按位异或，则对于 q_i，式（6.38）可转化为

$$q_i = 2a_1 q_{i-1} \oplus 2^2 a_2 q_{i-2} \oplus \cdots \oplus 2^p a_p q_{i-p} \oplus q_{i-p} \tag{6.39}$$

② Sobol 序列的第 i 个数则可以表示为

$$x_n^i = e_1 d_1 \oplus e_2 d_2 \oplus e_3 d_3 \oplus \cdots \tag{6.40}$$

式中，$e_1, e_2, e_3, \cdots$ 是 i 的二进制表现形式。

通过上述序列的构造方法，结合 MATLAB 编程即可产生上述三种序列，由于序贯验证试验偏重序贯序列的均匀性，故仿真给出三种不同准随机序列在 $[0,1]$ 均匀分布上的统计量值，仿真数据统计结果如表 6.5 所列（仿真次数 $N = 1\,000$），进而实现准随机序列的选择。此外，给出了不同随机数生成方法生成均匀分布的分布点图，如图 6.7 所示。

表 6.5 不同随机数生成方法的统计量比较

随机数生成方法	统计量					
	均 值	方 差	偏 度	峰 度	最小值	最大值
理论计算	0.500 0	0.083 3	0.000 0	−1.200 0	0.000 0	1.000 0
伪随机数 （MATLAB 生成）	0.487 4	0.080 6	0.113 7	−1.132 6	0.001 9	0.998 5
Halton 序列 （基=3）	0.498 7	0.083 4	1.226 0e−7	−1.200 0	0.000 0	0.998 4
Faure 序列 （基=3）	0.499 9	0.083 6	−5.868 1e−4	−1.200 7	0.000 0	0.998 6
Sobol 序列 （第 2 维）	0.500 1	0.083 4	−3.307 5e−5	−1.200 0	0.000 0	0.999 0

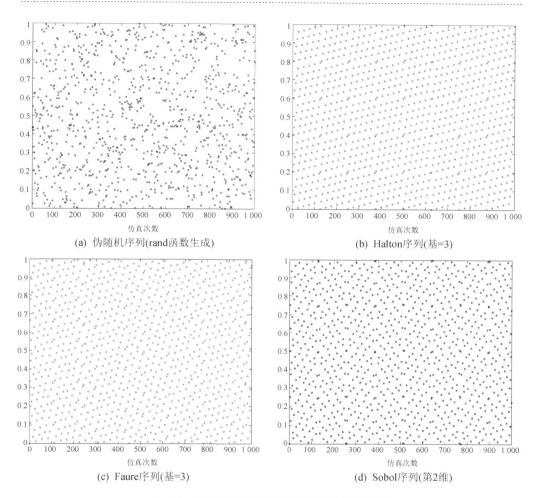

(a) 伪随机序列(rand函数生成)　　　　　(b) Halton序列(基=3)

(c) Faure序列(基=3)　　　　　　　　(d) Sobol序列(第2维)

图 6.7　不同随机数生成方法的均匀分布点图

通过表 6.4 和图 6.7 对比可得,三种准随机数序列较之伪随机数的分布更加均匀,并且在三种准随机数中 Sobol 序列具备更小的方差和均值,可见其均匀性更好,因此选择 Sobol 序列作为序贯测试性验证试验时样本分配的基准序列。

2. 基于 Sobol 序列的抽样方法

以 Sobol 序列为随机数替代常规简单随机抽样方法中的伪随机数,结合节点样本分配和故障模式分配二次分配方案中分配因子的选取原则,则序贯测试性验证试验的样本分配和故障模式选取步骤如下:

步骤一:故障模式抽取的节点(单元)确定。对于节点 $X_{(l,n_l)}$ 及其 $k_{(l,n_l)}$ 个父节点 $pa(X_{(l,n_l)})$,前面已经确定了第 j 个父节点 $pa(X_{(l,n_l)})_j$ 的相对权重系数 $\zeta_{(l,n_l,j)}$,则可通过下式计算各父节点的累积频率范围:

$$\begin{cases} A_1 = \left[0, \zeta_{(l,n_l,1)}\right) \\ A_j = \left[\sum_{t=1}^{j-1} \zeta_{(l,n_l,t)}, \sum_{t=1}^{j} \zeta_{(l,n_l,t)}\right), \quad 1 < j < k_{(l,n_l)} \\ A_{k_{(l,n_l)}} = \left[\sum_{t=1}^{k_{(l,n_l)}-1} \zeta_{(l,n_l,t)}, 1\right) \end{cases} \quad (6.41)$$

基于 Sobol 序列生成一个 $[0,1]$ 区间上均匀分布的准随机数,然后通过与式(6.41)得到的累积区间进行对比,若准随机数位于区间内,则选中对应的节点,然后按照同样的方式逐层向下,直至约定层次,如此即可确定故障模式抽取的节点,下一步即从该节点中确定选取的故障模式。

步骤二:故障模式确定。假设根据步骤一确定的节点为 $X_{(L,n_L)}$,其具备 $k_{(L,n_L)}$ 个故障模式,前面已经确定了第 j 个故障模式的相对影响因子系数 C_j,则可通过下式计算各故障模式的累积频率范围:

$$\begin{cases} A'_1 = \left[0, C_1\right) \\ A'_j = \left[\sum_{t=1}^{j-1} C_t, \sum_{t=1}^{j} C_t\right), \quad 1 < j < k_{(L,n_L)} \\ A'_{k_{(L,n_L)}} = \left[\sum_{t=1}^{k_{(L,n_L)}-1} C_t, 1\right) \end{cases} \quad (6.42)$$

同样,以 Sobol 序列为基准得到一个准随机数,判断该准随机数落入式(6.42)哪个故障模式所对应的累积区间,则选中相应的故障模式。

步骤三:基于选中的故障模式开展序贯测试性验证试验,统计其成败型试验结果,一次序贯完毕,则返回到步骤一,直至根据成败型试验结果能够进行序贯决策,或者达到预期截尾试验数,则序贯测试性验证试验停止。

6.3.3 案例验证

以某型二次电源为案例进行分析,能得到各节点和故障模式的累积发生频率的范围,如表 6.6 所列,比较基于故障率的单一分配因子和考虑节点及故障模式分配因子选择的累积发生频率差异。

表 6.6 节点和故障模式的累积发生频率

节 点	节点累积发生频率		故障模式 M	故障模式累积发生频率	
	故障率	$\zeta_{(l,n_l,j)}$		故障模式频数比	C_j
$X_{(2,1)}$	$[0, 0.216\,3)$	$[0, 0.125\,9)$	$M_1^{X_{(2,1)}}$	$[0, 0.2)$	$[0, 0.538\,5)$
			$M_2^{X_{(2,1)}}$	$[0.2, 1)$	$[0.538\,5, 1)$

节　点	节点累积发生频率		故障模式 M	故障模式累积发生频率	
	故障率	$\zeta_{(l,n_l,j)}$		故障模式频数比	C_j
$X_{(2,2)}$	$[0.216\,3,0.226\,2)$	$[0.125\,9,0.133\,4)$	$M_1^{X_{(2,2)}}$	$[0,0.98)$	$[0,0.92)$
			$M_1^{X_{(2,2)}}$	$[0.98,1)$	$[0.92,1)$
$X_{(2,3)}$	$[0.226\,2,0.974\,0)$	$[0.133\,4,0.957\,1)$	$M_1^{X_{(2,3)}}$	$[0,0.35)$	$[0,0.226\,2)$
			$M_2^{X_{(2,3)}}$	$[0.35,0.45)$	$[0.226\,2,0.239\,2)$
			$M_3^{X_{(2,3)}}$	$[0.45,0.6)$	$[0.239\,2,0.289\,0)$
			$M_4^{X_{(2,3)}}$	$[0.6,0.75)$	$[0.289\,0,0.676\,8)$
			$M_5^{X_{(2,3)}}$	$[0.75,1)$	$[0.676\,8,1)$
$X_{(2,4)}$	$[0.974\,0,1)$	$[0.957\,1,1)$	$M_1^{X_{(2,4)}}$	$[0,0.8)$	$[0,0.761\,9)$
			$M_2^{X_{(2,4)}}$	$[0.8,1)$	$[0.761\,9,1)$

为了对结果进行比较分析,假定序贯截尾样本量为 50(为了便于对比分析,测试性验证试验次数均以达到 50 结束),通过仿真的方式可以得到抽样结果,如表 6.7 所列。

表 6.7　不同随机数生成方法的抽样结果对比

节　点	故障率		$\zeta_{(l,n_l,j)}$		故障模式 M	故障模式频数比		C_j	
	伪随机	Sobol	伪随机	Sobol		伪随机	Sobol	伪随机	Sobol
$X_{(2,1)}$	8	12	5	4	$M_1^{X_{(2,1)}}$	2	3	2	1
					$M_2^{X_{(2,1)}}$	6	9	3	3
$X_{(2,2)}$	0	1	0	1	$M_1^{X_{(2,2)}}$	0	1	0	1
					$M_2^{X_{(2,2)}}$	0	0	0	0
$X_{(2,3)}$	41	36	41	43	$M_1^{X_{(2,3)}}$	12	13	7	9
					$M_2^{X_{(2,3)}}$	4	9	1	1
					$M_3^{X_{(2,3)}}$	11	5	3	3
					$M_4^{X_{(2,3)}}$	4	4	18	20
					$M_5^{X_{(2,3)}}$	10	5	12	10
$X_{(2,4)}$	1	1	4	2	$M_1^{X_{(2,4)}}$	1	1	3	1
					$M_2^{X_{(2,4)}}$	0	0	1	1

表 6.7 给出了 50 次序贯仿真抽样的统计结果,同时给出了基于故障率和本节方法在准随机抽样和基于 Sobol 序列抽样的对比结果分析,从中能得到以下结论:

① 从确定故障模式抽取节点的角度出发,根据 50 次序贯抽样结果可得,无论是基于故障率分配还是基于分配因子相对权重 $\zeta_{(l,n_l,j)}$ 进行分配,从抽中的节点统计结果来看,采用 Sobol 序列的准随机数抽样结果要比伪随机数均衡,覆盖性更好,同时也能满足节点分配因子的统计特性。

② 从确定故障模式的角度出发,无论是基于故障模式频数比还是基于分配因子相对权重 C_j 进行分配,同样能得到采用 Sobol 序列的准随机数抽样结果优于伪随机数抽样,以节点 $X_{(2,3)}$ 故障模式 $M_3^{X_{(2,3)}}$ 的统计结果为例进行分析:以基于故障率分配因子为前提,50 次伪随机数抽样统计结果达到 11,而采用 Sobol 序列的准随机数抽样统计结果仅为 5,实际上根据表 6.7 知故障模式 $M_3^{X_{(2,3)}}$ 的相对发生频率为 0.15,假设按照比例分配的原则,实际的样本量为 $\lfloor 41 \times 0.15 \rfloor = 6$,显然伪随机抽样结果造成了较大的偏差,而采用 Sobol 序列的准随机数得到的抽样统计结果则相近,说明了准随机数的均衡性更好。

③ 从故障率和节点分配因子相对权重 $\zeta_{(l,n_l,j)}$ 的角度出发,由于节点分配因子相对权重 $\zeta_{(l,n_l,j)}$ 考虑因素全面,同时对节点相对权重和故障模式相对权重进行了区分,使得序贯抽样结果更为合理;其次通过采用 Sobol 序列的准随机数,保证了选中故障模式抽取节点的准确性,降低了伪随机数抽样产生的抽样误差。

④ 从故障模式频数比和故障模式分配因子相对权重 C_j 的角度出发,梳理了影响故障模式选取的分配因子,通过加权平均得到的相对权重 C_j 更能代表故障模式抽取权重,同时以 Sobol 序列作为序贯抽样的基准,能保证以序贯形式抽取故障模式的准确性。

第7章　测试性增长试验

7.1　概　述

前面章节基于 HBN 测试性验证模型进行的有关故障样本量确定和故障样本量分配的研究,一方面能验证装备是否能达到测试性指标约束条件,另一方面能在给定装备测试性指标约束时确定开展测试性验证所需的故障样本量以及能实现样本分配和故障模式选择,旨在实现测试性验证试验的最终目的——测试性指标评估。测试性指标评估是指运用与装备测试性相关的所有信息,包括各阶段成败型试验数据和先验信息,以一定的方式确定装备的测试性指标是否达到规定的测试性要求,同时有助于掌握装备真实的测试性水平。

针对测试性指标评估技术所进行的研究,国军标以及测试性领域相关文献主要采用基于经典统计理论和基于小子样理论的测试性指标评估技术对装备测试性水平进行评定:基于经典统计理论的评估技术应用是在大样本或者较大样本的前提下进行的,通常采用点估计、正态分布或者二项分布下的置信下限、置信区间估计等形式进行。但是受限于高精度武器装备造价高昂,基于故障注入试验的有损性甚至于破坏性,故障的大量注入不切合工程实际,因此并不能得到充足的故障检测/隔离成败型数据(通常为小子样数据),进一步导致采用经典评估方法进行测试性指标评估结论的精度和置信度均较低,不能有效指导装备的设计定型;基于小子样理论的测试性评估技术的核心思想是以贝叶斯理论为基础,有效融合装备整个研制阶段的测试性先验信息,扩大用于评估的信息量,构建测试性指标的后验分布模型求解 FDR/FIR 的不同估计形式。但是,现有指标评估方法未能兼顾装备层次化结构特性以及测试性水平动态增长特性,使得装备层次化结构中蕴含的有效先验信息或者各层次单元所涉及的测试性增长阶段中的增长特性考虑不充分,间接损失用于测试性评估的有效试验信息,影响最终的评估结论。

因此,本章在测试性验证模型表征装备层次化结构特性的基础上,充分考虑各层次节点的增长特性,给出测试性指标动态评估的总体技术思路。然后分别从测试性增长阶段描述、测试性增长检验、测试性增长模型选取及模型参数确定、先验超参数确定等方面完善测试性指标动态评估分析过程,实现在小子样条件下得到较高精度和置信度的测试性指标评估结论,进而加速装备定型。

7.2　测试性指标动态评估技术思路

测试性增长试验是指以承制方和使用方要求的指标为目的,采取阶段性计划对装备以故障注入的方式进行试验,并通过观察装备故障的检测/隔离情况对测试性指标进行评估,从而分析测试性指标未达到预期要求的原因,经由测试性设计缺陷的改进措施后进行再试验,使得装备测试性水平逐渐提高,并保持增长趋势的专项试验。而针对改进测试性设计缺陷的时机不同,测试性增长试验可分为及时纠正策略和延缓纠正策略。

及时纠正策略是以序贯的试验方式进行一个"试验-发现缺陷-及时纠正-再试验"的过程,直至达到预定的试验截尾要求,通常在装备研制阶段的早期开展,而装备结构设计在该阶段仍会产生变化,结构的变化将会导致故障模式种类以及发生概率相应变化。而延缓纠正策略的每一阶段均可认为是一次完整的测试性验证方案,可以视为"试验-发现缺陷-集中纠正-再试验"的过程,直至某一阶段后测试性指标满足要求,通常在装备研制阶段的后期开展,装备结构在该阶段基本固化,技术状态也基本稳定。

综上所述,测试性增长试验属于评价性质的试验,通常更为关注经过增长阶段后的指标评估结果是否满足指标要求,而研制前期存在较大的不确定性,因此选择研制后期结构相对固化后的延缓纠正策略作为本章的重点。图 7.1 给出了考虑延缓纠正策略的测试性动态评估技术思路,以具备增长特性的实物试验数据为核心,以其他类型测试性多源先验信息(点估计型、单侧置信下限型或者双侧置信区间型,虚拟试验数据等)为辅,开展测试性指标动态评估。

首先,分析 HBN 测试性验证模型中各节点的自先验分布,包括增长试验数据以及其他类型测试性多源先验信息,图 7.1 中针对多源先验信息的相容性检验和可信度确定现有文献中均有一定的研究,但本章为了避免多源先验信息不确定性对测试性指标评估的影响,仅考虑将实际装备各组成单元的测试性增长试验成败型试验数据作为先验信息的来源,若能确定其他类型准确的先验信息,则可求解节点融合多源先验分布作为节点的自先验分布。其次,获取节点传递先验分布,需采用第 6 章所提出的 HBN 融合推理算法,即可通过 HBN 测试性验证模型进行推理,拟合得到节点传递先验分布。最后,融合系统自先验分布和传递先验分布以及结合系统成败型试验数据,即可最终得到系统融合后验分布,据此基于系统后验分布确定测试性指标的点估计、单侧置信下限估计以及双侧置信区间估计,从而给出合理的评估结论。

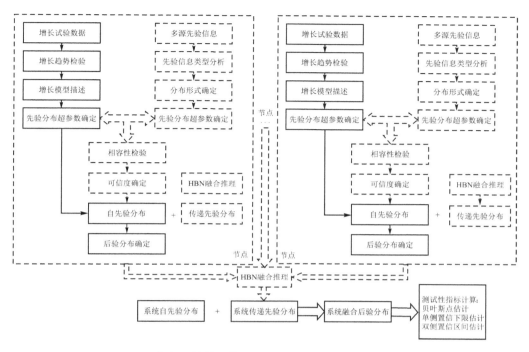

图 7.1　考虑延缓纠正策略的测试性指标动态评估技术思路

7.3　基于测试性增长的指标动态评估

7.3.1　测试性增长描述

以节点 $X_{(l,n_l)}$ 为例,以下首先给出延缓纠正策略实施的几点假设:

① 假设考虑延缓纠正策略的测试性增长试验开展时装备结构不再变化,并认为此时系统所具备的故障模式种类以及故障率保持不变;

② 假设装备一共经过 $m_{(l,n_l)}$ 个阶段的测试性增长试验,并设第 $i(i=1,2,\cdots,m_{(l,n_l)})$ 阶段的成败型试验数据为 $(n_{(l,n_l)}^{(i)},f_{(l,n_l)}^{(i)})$,其中 $n_{(l,n_l)}^{(i)}$ 表示注入故障总数,$f_{(l,n_l)}^{(i)}$ 表示未能成功检测/隔离故障数,并以 $p_{(l,n_l)}^{(i)}$ 表征该阶段 FDR/FIR 值(以 $p_{(l,n_l)}^{(0)}$ 表示初始值),同时 $p_{(l,n_l)}^{(i+1)}$ 表示经过阶段 i 的测试性增长改进措施后的 FDR/FIR 值,同时作为第 $i+1$ 阶段的增长试验前的 FDR/FIR 值;

③ 假定第 $m_{(l,n_l)}$ 个阶段的增长试验结束时,装备仍进行识别缺陷及设计增长,然后投入实际试验,记实际试验成败型数据为 $(n_{(l,n_l)}^{(m_{(l,n_l)}+1)},f_{(l,n_l)}^{(m_{(l,n_l)}+1)})$,并以此阶段测试性指标 $p_{(l,n_l)}^{(m_{(l,n_l)}+1)}$ 作为评估结论;

④ 测试性增长试验满足阶段序化约束条件如下：

$$0 \leqslant p_{(l,n_l)}^{(0)} \leqslant p_{(l,n_l)}^{(1)} \leqslant \cdots \leqslant p_{(l,n_l)}^{(i)} \leqslant \cdots \leqslant p_{(l,n_l)}^{(m_{(l,n_l)})} \leqslant p_{(l,n_l)}^{(m_{(l,n_l)}+1)} \leqslant 1 \quad (7.1)$$

满足上述约束条件的节点 $X_{(l,n_l)}$ 测试性增长试验过程如图 7.2 所示。延缓纠正策略经缺陷识别和改进设计后的增长趋势能通过图 7.2 表示出来，即呈阶梯状增长趋势，同时在同一增长阶段测试性指标 FDR/FIR 值保持不变。在经过 $m_{(l,n_l)}$ 个阶段的增长后，根据第 $m_{(l,n_l)}+1$ 阶段测试性增长的预测值开展实际试验，进行测试性指标的动态评估。图 7.2 中横坐标表示实际的增长阶段，纵坐标表示节点 $X_{(l,n_l)}$ 的 FDR/FIR 值。

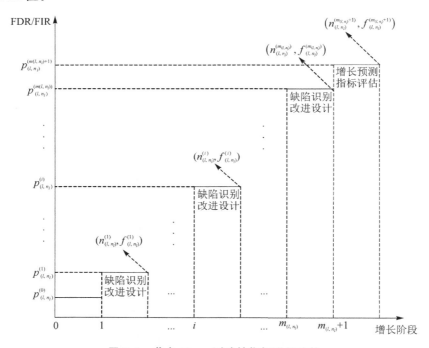

图 7.2　节点 $X_{(l,n_l)}$ 测试性指标增长趋势

7.3.2　测试性增长趋势检验

由于当前得到的各阶段测试性增长成败型数据具备样本数小、分布参数不确定的情况，为了保证能合理运用装备测试性增长试验的成败型数据，需对其进行趋势检验，以检验增长数据是否满足延缓纠正策略中假设④给出的阶段序化约束条件式(7.1)。

针对节点 $X_{(l,n_l)}$ 相邻两增长阶段 $p_{(l,n_l)}^{(i)}$ 和 $p_{(l,n_l)}^{(i+1)}$，构建如下假设检验：

$$H_0: p_{(l,n_l)}^{(i+1)} = p_{(l,n_l)}^{(i)}, \quad H_1: p_{(l,n_l)}^{(i+1)} > p_{(l,n_l)}^{(i)} \quad (7.2)$$

根据成败型试验数据的特点和 2×2 列联表构造原则，建立列联表如表 7.1

所列。

表 7.1　成败型数据 2×2 列联表

	阶段 i	阶段 $i+1$
成功次数	$n_{(l,n_l)}^{(i)} - f_{(l,n_l)}^{(i)}$	$n_{(l,n_l)}^{(i+1)} - f_{(l,n_l)}^{(i+1)}$
失败次数	$f_{(l,n_l)}^{(i)}$	$f_{(l,n_l)}^{(i+1)}$

根据表 7.1,将边缘固定为 $n_{(l,n_l)}^{(i)}$,$n_{(l,n_l)}^{(i+1)}$,$f_{(l,n_l)}^{(i)} + f_{(l,n_l)}^{(i+1)}$ 和 $n_{(l,n_l)}^{(i)} - f_{(l,n_l)}^{(i)} + n_{(l,n_l)}^{(i+1)} - f_{(l,n_l)}^{(i+1)}$,则由 Fisher 精确检验可得到观测频数的精确概率 $P_{(l,n_l)}$,可通过超几何分布进行求解:

$$P_{(l,n_l)} = \frac{\binom{f_{(l,n_l)}^{(i)} + f_{(l,n_l)}^{(i+1)}}{f_{(l,n_l)}^{(i)}}\binom{n_{(l,n_l)}^{(i)} - f_{(l,n_l)}^{(i)} + n_{(l,n_l)}^{(i+1)} - f_{(l,n_l)}^{(i+1)}}{n_{(l,n_l)}^{(i)} - f_{(l,n_l)}^{(i)}}}{\binom{n_{(l,n_l)}^{(i)} + n_{(l,n_l)}^{(i+1)}}{n_{(l,n_l)}^{(i)}}}$$

$$= \frac{\binom{f_{(l,n_l)}^{(i)} + f_{(l,n_l)}^{(i+1)}}{f_{(l,n_l)}^{(i+1)}}\binom{n_{(l,n_l)}^{(i)} - f_{(l,n_l)}^{(i)} + n_{(l,n_l)}^{(i+1)} - f_{(l,n_l)}^{(i+1)}}{n_{(l,n_l)}^{(i)} - f_{(l,n_l)}^{(i)}}}{\binom{n_{(l,n_l)}^{(i)} + n_{(l,n_l)}^{(i+1)}}{n_{(l,n_l)}^{(i+1)}}} \tag{7.3}$$

据此构建单边 Fisher 精确检验统计量:

$$Q_{(l,n_l)}^{(i\to i+1)} = \sum_{z=0}^{f_{(l,n_l)}^{(i+1)}} \frac{\binom{f_{(l,n_l)}^{(i)} + f_{(l,n_l)}^{(i+1)}}{z}\binom{n_{(l,n_l)}^{(i)} - f_{(l,n_l)}^{(i)} + n_{(l,n_l)}^{(i+1)} - f_{(l,n_l)}^{(i+1)}}{n_{(l,n_l)}^{(i+1)} - z}}{\binom{n_{(l,n_l)}^{(i)} + n_{(l,n_l)}^{(i+1)}}{n_{(l,n_l)}^{(i+1)}}} \tag{7.4}$$

式中,$Q_{(l,n_l)}^{(i\to i+1)}$ 表示节点 $X_{(l,n_l)}$ 第 i 阶段到第 $i+1$ 阶段的检验统计量。

给定显著性水平 α(通常取 $\alpha \leqslant 0.2$),根据检验统计量的取值,有如下判定规则:

$$\begin{cases} \text{if } Q_{(l,n_l)}^{(i\to i+1)} > \alpha, & \text{accept } H_0 \\ \text{if } Q_{(l,n_l)}^{(i\to i+1)} \leqslant \alpha, & \text{accept } H_1 \end{cases} \tag{7.5}$$

接受假设 H_0 即表示相邻两阶段增长试验不具备增长趋势,接受假设 H_1 即表示相邻两阶段增长试验具备增长趋势。

如果判断为相邻阶段间成败型数据不具备增长趋势,即接受假设 H_0 时,两组数据不能按增长型数据进行处理,需进行进一步处理:将当前阶段 i 和阶段 $i+1$ 成败型数据合并,并记合并后的增长成败型数据为$(n_{(l,n_l)}^{(i)}+n_{(l,n_l)}^{(i+1)}, f_{(l,n_l)}^{(i)}+f_{(l,n_l)}^{(i+1)})$,并与原第$i+2$阶段数据$(n_{(l,n_l)}^{(i+2)}, f_{(l,n_l)}^{(i+2)})$按照式(7.4)进行增长性检验,此时实际增长阶段数减1。以此类推,最终确定接受假设H_0的次数为s次,则实际的增长阶段数可确定为$m-s$次,相应新的各阶段的增长数据亦可确定。采取这种处理方式之后,可认为每阶段均具备增长特性,即可通过选择合适的增长模型对增长特性进行描述,保证数据运用的正确性。

7.3.3　测试性增长模型选取及参数确定

1. 测试性增长模型选取

生长曲线(S曲线)法作为趋势外推法中的重要方法之一,在描述及预测装备技术成熟度的增长过程中得到了不少应用,根据描述的对象性质不同,所选择的模型也不尽相同,目前广泛使用的模型包括 Pearl 模型、Ridenour 模型以及 Gompertz 模型。生长曲线模型整体呈现 S 形,即初期曲线增长缓慢,呈平稳上升趋势,中期增长迅速,呈快速上升态势,后期经过拐点后增长趋于饱和,曲线呈水平趋势发展,该特性十分适合可靠性、测试性增长趋势的描述。

Gompertz 模型最初来源于时间序列分析,在可靠性领域有一定应用,本书将其引入装备系统级、分系统级以及设备级的测试性增长分析过程中,针对延缓纠正策略阶梯状的增长趋势,考虑离散 Gompertz 模型如下:

$$p_{(l,n_l)}^{(j)}=a_{(l,n_l)}\cdot(b_{(l,n_l)})^{(c_{(l,n_l)})^j} \tag{7.6}$$

式中,$j(j\in \mathbf{Z}^+)$表示增长阶段数;$p_{(l,n_l)}^{(j)}$表示节点$X_{(l,n_l)}$在增长阶段j时的测试性指标值;模型参数$a_{(l,n_l)}$表示测试性指标的极限值;模型参数$b_{(l,n_l)}$表示初始测试性指标值$p_{(l,n_l)}^{(0)}$与极限测试性指标值$p_{(l,n_l)}^{(j\to\infty)}$之比;模型参数$c_{(l,n_l)}$表示测试性指标增长速度。三个模型参数满足以下约束条件:

$$\begin{cases} 0<a_{(l,n_l)}\leqslant 1 \\ 0<b_{(l,n_l)}<1 \\ 0<c_{(l,n_l)}<1 \end{cases} \tag{7.7}$$

当确定模型参数$a_{(l,n_l)}$、$b_{(l,n_l)}$和$c_{(l,n_l)}$后,能得到指标初值$p_{(l,n_l)}^{(0)}=a_{(l,n_l)}b_{(l,n_l)}$,以及通过$j$的取值可描述出图7.2所示的阶梯状增长趋势。同时,模型中涉及 3 个参数,相对而言其具备较强的适应性,能较好地拟合测试性增长试验成败型数据。

可见,选择离散 Gompertz 模型对测试性增长过程的描述是合理有效的,能与装备实际增长过程保持一致。

2. 模型参数确定

当前确定 Gompertz 模型参数的前提条件是增长阶段数必须为 3 的倍数,当阶段数不为 3 的倍数时,通常的处理方式为忽略 1 组或者 2 组增长阶段数据,再按照增长阶段数为 3 的倍数确定参数。但这种处理方式一方面未能对增长趋势进行检验,另一方面略去的数据必然会影响参数的估计,且对于增长阶段小于 3 的情况无法处理,最终影响测试性指标的评估结论。因此,本章在现有文献基础上,针对离散 Gompertz 模型设计参数确定求解方法,以解决增长数据可能存在损失以及无法计算的问题。

假设各阶段增长试验相互独立,根据节点 $X_{(l,n_l)}$ 第 i 阶段的成败型试验数据 $(n^{(i)}_{(l,n_l)}, f^{(i)}_{(l,n_l)})$,则 $m_{(l,n_l)}$ 个阶段的似然函数之核定义为

$$L_{(l,n_l)} = \prod_{i=1}^{m_{(l,n_l)}} (p^{(i)}_{(l,n_l)})^{n^{(i)}_{(l,n_l)} - f^{(i)}_{(l,n_l)}} (1 - p^{(i)}_{(l,n_l)})^{f^{(i)}_{(l,n_l)}} \tag{7.8}$$

对等号两边取对数,则有

$$\ln L_{(l,n_l)} = \sum_{i=1}^{m_{(l,n_l)}} ((n^{(i)}_{(l,n_l)} - f^{(i)}_{(l,n_l)}) \ln p^{(i)}_{(l,n_l)} + f^{(i)}_{(l,n_l)} \ln(1 - p^{(i)}_{(l,n_l)})) \tag{7.9}$$

将式(7.6)代入式(7.9),则有

$$\ln L_{(l,n_l)} =$$
$$\sum_{i=1}^{m_{(l,n_l)}} \left((n^{(i)}_{(l,n_l)} - f^{(i)}_{(l,n_l)})(\ln a_{(l,n_l)} + (c_{(l,n_l)})^i \ln b_{(l,n_l)}) + \right.$$
$$\left. f^{(i)}_{(l,n_l)} \ln(1 - a_{(l,n_l)} b_{(l,n_l)}^{(c_{(l,n_l)})^i}) \right) \tag{7.10}$$

根据极大似然估计(MLE)方法的原理,用使似然函数达到最大的 $\hat{a}_{(l,n_l)}$、$\hat{b}_{(l,n_l)}$ 和 $\hat{c}_{(l,n_l)}$ 来估计参数 $a_{(l,n_l)}$、$b_{(l,n_l)}$ 和 $c_{(l,n_l)}$,现有方法通常通过求取 $\ln L_{(l,n_l)}$ 对参数 $a_{(l,n_l)}$、$b_{(l,n_l)}$ 和 $c_{(l,n_l)}$ 的偏导,使一阶偏导等于 0,以及要求二阶偏导小于 0。其一阶偏导有

$$\begin{cases} \dfrac{\partial \ln L_{(l,n_l)}}{\partial a_{(l,n_l)}} = \sum_{i=1}^{m_{(l,n_l)}} \left(\dfrac{(n^{(i)}_{(l,n_l)} - f^{(i)}_{(l,n_l)}) - n^{(i)}_{(l,n_l)} \hat{p}^{(i)}_{(l,n_l)}}{1 - \hat{p}^{(i)}_{(l,n_l)}} \right) = 0 \\[4mm] \dfrac{\partial \ln L_{(l,n_l)}}{\partial b_{(l,n_l)}} = \sum_{i=1}^{m_{(l,n_l)}} \left((\hat{c}_{(l,n_l)})^i \cdot \dfrac{(n^{(i)}_{(l,n_l)} - f^{(i)}_{(l,n_l)}) - n^{(i)}_{(l,n_l)} \hat{p}^{(i)}_{(l,n_l)}}{1 - \hat{p}^{(i)}_{(l,n_l)}} \right) = 0 \\[4mm] \dfrac{\partial \ln L_{(l,n_l)}}{\partial c_{(l,n_l)}} = \sum_{i=1}^{m_{(l,n_l)}} \left(i(\hat{c}_{(l,n_l)})^i \cdot \dfrac{(n^{(i)}_{(l,n_l)} - f^{(i)}_{(l,n_l)}) - n^{(i)}_{(l,n_l)} \hat{p}^{(i)}_{(l,n_l)}}{1 - \hat{p}^{(i)}_{(l,n_l)}} \right) = 0 \end{cases}$$

$$\tag{7.11}$$

式中,$\hat{p}_{(l,n_l)}^{(i)}$ 表示 $p_{(l,n_l)}^{(i)}$ 的 MLE,满足:

$$\hat{p}_{(l,n_l)}^{(i)} = \hat{a}_{(l,n_l)} \hat{b}_{(l,n_l)}^{(\hat{c}_{(l,n_l)})^i} \tag{7.12}$$

通过式(7.11)求解二阶偏导一方面计算过于烦琐,另一方面通过式(7.11)和式(7.12)所获得的估计值 $\hat{a}_{(l,n_l)}$、$\hat{b}_{(l,n_l)}$ 和 $\hat{c}_{(l,n_l)}$ 并不一定总能保证二阶偏导小于 0,且其受各增长阶段的成败型数据和阶段数制约,故方法不再适用。事实上,根据 MLE 方法的原理,可将式(7.10)的最大值问题转换为一个复杂的非线性约束优化问题,约束目标如下:

$$\begin{cases} \min & -\ln L_{(l,n_l)} \\ \text{s. t.} & 0 < a \leqslant 1 \\ & 0 < b < 1 \\ & 0 < c < 1 \end{cases} \tag{7.13}$$

通过编程实现式(7.13)最小优化问题的求解,使式(7.13)达到最小的 $\hat{a}_{(l,n_l)}$、$\hat{b}_{(l,n_l)}$ 和 $\hat{c}_{(l,n_l)}$ 值作为离散 Gompertz 模型参数 $a_{(l,n_l)}$、$b_{(l,n_l)}$ 和 $c_{(l,n_l)}$ 值的估计值,进一步能通过式(7.12)实现测试性指标的动态评估和预测,解决了现有 Gompertz 模型受增长阶段数制约的问题。

7.3.4　基于最大熵模型的先验超参数确定

因为层次节点 $X_{(l,n_l)}$ 的自先验分布 $\pi_s(p_{(l,n_l)})$ 具备如下形式:

$$\pi_s(p_{(l,n_l)}) \triangleq \text{Beta}(p_{(l,n_l)}; a_{(l,n_l)}, b_{(l,n_l)}) = \frac{p_{(l,n_l)}^{a_{(l,n_l)}-1}(1-p_{(l,n_l)})^{b_{(l,n_l)}-1}}{B(a_{(l,n_l)}, b_{(l,n_l)})} \tag{7.14}$$

式中,$B(a_{(l,n_l)}, b_{(l,n_l)}) = \int_0^1 p_{(l,n_l)}^{a_{(l,n_l)}-1}(1-p_{(l,n_l)})^{b_{(l,n_l)}-1} \mathrm{d}p_{(l,n_l)}$。

先验分布 $\pi(p_{(l,n_l)})$ 的 Shannon‐Jaynes 信息熵定义为

$$H(\pi(p_{(l,n_l)})) = -\int_0^1 \pi(p_{(l,n_l)})\ln(\pi(p_{(l,n_l)}))\mathrm{d}p_{(l,n_l)}$$

将式(7.14)代入上式中,即有先验信息熵:

$$H(\pi_s(p_{(l,n_l)}))$$
$$\triangleq H(\text{Beta}(p_{(l,n_l)}; a_{(l,n_l)}, b_{(l,n_l)}))$$
$$= \ln(B(a_{(l,n_l)}, b_{(l,n_l)})) - \frac{a_{(l,n_l)}-1}{B(a_{(l,n_l)}, b_{(l,n_l)})} \cdot \frac{\partial B(a_{(l,n_l)}, b_{(l,n_l)})}{\partial a_{(l,n_l)}} -$$
$$\frac{b_{(l,n_l)}-1}{B(a_{(l,n_l)}, b_{(l,n_l)})} \cdot \frac{\partial B(a_{(l,n_l)}, b_{(l,n_l)})}{\partial b_{(l,n_l)}} \tag{7.15}$$

式中，$\dfrac{\partial B(a_{(l,n_l)},b_{(l,n_l)})}{\partial a_{(l,n_l)}}$ 和 $\dfrac{\partial B(a_{(l,n_l)},b_{(l,n_l)})}{\partial b_{(l,n_l)}}$ 表示 $B(a_{(l,n_l)},b_{(l,n_l)})$ 分别对超参数 $a_{(l,n_l)}$ 和 $b_{(l,n_l)}$ 的偏导数。

经过 $m_{(l,n_l)}$ 个阶段测试性增长试验后，装备投入实际试用阶段的指标预测值为 $\hat{p}_{(l,n_l)}^{(m_{(l,n_l)}+1)}=\hat{a}_{(l,n_l)}\hat{b}_{(l,n_l)}^{(\hat{c}_{(l,n_l)})^{m_{(l,n_l)}+1}}$ ，可作为测试性指标的点估计值。由此可建立测试性指标 $p_{(l,n_l)}$ 的一阶矩估计 $E(p_{(l,n_l)})$ 与点估计值 $\hat{p}_{(l,n_l)}^{(m_{(l,n_l)}+1)}$ 间的关系：

$$E(p_{(l,n_l)})=\int_0^1 p_{(l,n_l)}\pi(p_{(l,n_l)})\mathrm{d}p_{(l,n_l)}=\hat{p}_{(l,n_l)}^{(m_{(l,n_l)}+1)} \tag{7.16}$$

将式(7.14)代入式(7.16)中，结合式(7.15)则可通过如下最大熵模型求解超参数 $a_{(l,n_l)}$ 和 $b_{(l,n_l)}$ ：

$$\begin{cases} \max & H(\pi_{\mathrm{s}}(p_{(l,n_l)})) \\ \mathrm{s.\,t.} & \hat{p}_{(l,n_l)}^{(m_{(l,n_l)}+1)}=\dfrac{a_{(l,n_l)}}{a_{(l,n_l)}+b_{(l,n_l)}} \\ & a_{(l,n_l)}>0,b_{(l,n_l)}>0 \end{cases} \tag{7.17}$$

至此，即可通过测试性增长模型和最大熵模型求解确定各节点自先验分布 $\pi_{\mathrm{s}}(p_{(l,n_l)})$ ，经由 s^2-k 检验结合 HBN 融合推理算法得到的传递先验分布 $\pi_{\mathrm{d}}(p_{(l,n_l)})$ 。进一步，可通过融合权重系数方法，确定融合先验分布 $\pi_{\mathrm{f}}(p_{(l,n_l)})$ ，同样将其拟合为 Beta 分布形式并确定其超参数。结合实际试验成败型数据 $(n_{(l,n_l)}^{(m_{(l,n_l)}+1)},f_{(l,n_l)}^{(m_{(l,n_l)}+1)})$ ，即可得到各节点后验分布：

$$\pi_{\mathrm{f}}(p_{(l,n_l)}\mid(n_{(l,n_l)}^{(m_{(l,n_l)}+1)},f_{(l,n_l)}^{(m_{(l,n_l)}+1)}))=$$
$$\mathrm{Beta}(p_{(l,n_l)};a_{(l,n_l)}^{\mathrm{f}}+n_{(l,n_l)}^{(m_{(l,n_l)}+1)}-f_{(l,n_l)}^{(m_{(l,n_l)}+1)},b_{(l,n_l)}^{\mathrm{f}}+f_{(l,n_l)}^{(m_{(l,n_l)}+1)}) \tag{7.18}$$

式中，$a_{(l,n_l)}^{\mathrm{f}}$ 、$b_{(l,n_l)}^{\mathrm{f}}$ 为融合先验分布 $\pi_{\mathrm{f}}(p_{(l,n_l)})$ 的先验超参数。

通过 HBN 测试性验证模型逐层推理，最终即可得到顶层（系统层）测试性指标 $p_{(1,1)}$ 的后验分布，并基于顶层后验分布确定 $p_{(1,1)}$ 的贝叶斯点估计、单侧置信下限估计以及双侧置信区间估计。

7.4　案例验证

以某装备组合导航系统为研究对象进行测试性指标的动态评估分析，该组合导航系统由组合导航系统主机和卫星用户机天线两部分组成，则可以构建如图 7.3 所示的 HBN 测试性验证模型对测试性指标 FDR 进行评估。

组合导航系统以及卫星用户机天线在研制阶段共经历了 $m_{(1,1)}=m_{(2,2)}=3$ 个阶

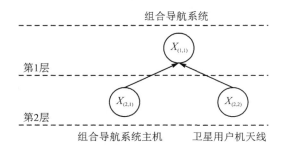

图 7.3 组合导航系统 HBN 指标评估模型

段的增长试验,组合导航系统主机则共经历了 $m_{(2,1)}=4$ 个阶段的增长试验,相应的增长数据如表 7.2 所列。

表 7.2 各节点不同阶段试验数据

节点	增长阶段				实际试验
	$i=1$	$i=2$	$i=3$	$i=4$	
$X_{(1,1)}{}^1$	(7,3)	(18,3)	—	—	(9,1)
$X_{(2,1)}{}^2$	(20,14)	(20,6)	(20,4)	(20,2)	(9,0)
$X_{(2,2)}{}^1$	(4,2)	(9,2)	(18,2)	—	(9,0)

注:1—采用固定最大允许检测失败数的增长试验方案;2—采用固定样本量的增长试验方案。

7.4.1 节点增长趋势检验

给定显著性水平 $\alpha=0.2$,对节点 $X_{(1,1)}$,$X_{(2,1)}$ 和 $X_{(2,2)}$ 各增长阶段进行趋势检验:

① 对于层次节点 $X_{(1,1)}$,共计两个增长阶段,根据式(7.2)构建如下假设检验问题:

$$H_0:p_{(1,1)}^{(2)}=p_{(1,1)}^{(1)},\quad H_1:p_{(1,1)}^{(2)}>p_{(1,1)}^{(1)} \tag{7.19}$$

通过式(7.4)构建假设检验量 $Q_{(1,1)}^{(1\to2)}$,并将第 1 增长阶段和第 2 增长阶段成败型数据代入式(7.4),则得到 $Q_{(1,1)}^{(1\to2)}=0.1937<0.2$,根据式(7.5)的判断规则,接受式(7.19)中的假设 H_1,即认为阶段 1 和阶段 2 具备增长趋势。

② 对于层次节点 $X_{(2,1)}$,同理可得阶段 1 和阶段 2 之间的检验统计量 $Q_{(2,1)}^{(1\to2)}=0.0128<0.2$,可见两阶段间具备增长趋势;阶段 2 和阶段 3 之间的检验统计量 $Q_{(2,1)}^{(2\to3)}=0.3582>0.2$,即两阶段间不具备增长趋势,将阶段 2 和阶段 3 数据融合得到新的第 2 阶段数据,即(40,10),与原第 4 阶段数据(20,2)进行增长趋势检验,得到检验统计量 $Q_{(2,1)}^{(2'\to3')}=0.1521<0.2$,具备增长趋势,故最终确定增长阶段数为 3。

③ 对于层次节点 $X_{(2,2)}$,有 $Q_{(2,2)}^{(1\to2)}=0.3538>0.2$,表明阶段 1 和阶段 2 间不具

备增长趋势,将两阶段数据合并得(13,4),进一步能得到 $Q_{(2,2)}^{(1'\to 2')}=0.182\,4<0.2$,具备增长趋势,因此确定实际增长阶段数为 2。

通过上述分析,可以得到各节点实际增长阶段数以及各阶段成败型数据,如表 7.3 所列。

表 7.3　各节点增长数据

节　点	增长检验后阶段 i'		
	$i'=1$	$i'=2$	$i'=3$
$X_{(1,1)}$	(7,3)	(18,3)	—
$X_{(2,1)}$	(20,14)	(40,10)	(20,2)
$X_{(2,2)}$	(13,4)	(18,2)	—

7.4.2　节点离散 Gompert 模型参数确定

不同节点的离散 Gompert 模型参数可通过式(7.10)和式(7.13)进行确定:

① 将表 7.3 中层次节点 $X_{(1,1)}$ 增长数据代入,并通过优化约束求解,则可得 $X_{(1,1)}$ 的离散 Gompertz 模型参数为 $\hat{a}_{(1,1)}=0.933\,9,\hat{b}_{(1,1)}=0.120\,3,\hat{c}_{(1,1)}=0.232$,因此根据式(7.12)即可得到描述节点 $X_{(1,1)}$ 的测试性增长公式:

$$\hat{p}_{(1,1)}^{(i)}=0.933\,9\times0.120\,3^{0.232^{i}} \tag{7.20}$$

② 同理可得到层次节点 $X_{(2,1)}$ 的测试性增长公式:

$$\hat{p}_{(2,1)}^{(i)}=0.941\,7\times0.003\,2^{0.199^{i}} \tag{7.21}$$

③ 层次节点 $X_{(2,2)}$ 的测试性增长公式为

$$\hat{p}_{(2,2)}^{(i)}=0.940\,6\times0.220\,6^{0.209\,1^{i}} \tag{7.22}$$

7.4.3　节点先验超参数确定

依据延缓纠正策略假设③,各层次节点在增长阶段完成后仍进行测试性增长,然后投入实际试验,根据式(7.15)~式(7.17),可得各层次节点实际试验阶段测试性指标参数的预测值:

$$\begin{cases}\hat{p}_{(1,1)}^{(3)}=0.909\,6\\ \hat{p}_{(2,1)}^{(4)}=0.933\,2\\ \hat{p}_{(2,2)}^{(3)}=0.936\,6\end{cases} \tag{7.23}$$

① 根据式(7.15)和式(7.17),可确定各层次节点的自先验 $\pi_s(p_{(l,n_l)})$ 超参数,如表 7.4 所列。

表 7.4　各节点自先验超参数

节　　点	自先验超参数		熵值 $H(\pi_s(p_{(l,n_l)}))$
	$a^s_{(l,n_l)}$	$b^s_{(l,n_l)}$	
$X_{(1,1)}$	9.403 4	0.934 6	$-1.406\ 7$
$X_{(2,1)}$	13.317 4	0.953 3	$-1.707\ 8$
$X_{(2,2)}$	14.130 9	0.956 5	$-1.759\ 9$

② 由 $X_{(2,1)}$ 和 $X_{(2,2)}$ 的自先验分布和实际试验数据,通过 HBN 测试性验证模型融合推理,能得到 $X_{(1,1)}$ 的继承先验 $\pi_d(p_{(1,1)})$ 超参数满足:

$$\pi_d(p_{(1,1)}) = \mathrm{Beta}(p_{(1,1)};\alpha^d_{(1,1)} = 60.992,\beta^d_{(1,1)} = 1.886\ 7) \qquad (7.24)$$

③ 进一步,由 $X_{(1,1)}$ 的自先验分布和继承先验分布可确定其融合先验分布为

$$\pi_f(p_{(1,1)}) = \mathrm{Beta}(p_{(1,1)};\alpha^f_{(1,1)} = 48.802\ 7,\beta^f_{(1,1)} = 2.501\ 8) \qquad (7.25)$$

$X_{(1,1)}$ 三种先验分布的对比情况可通过图 7.4 反映出来。

图 7.4 可以直观地反映出层次节点 $X_{(1,1)}$ 自先验和继承先验的融合推理情况,融合先验分布介于自先验分布和继承先验之间。

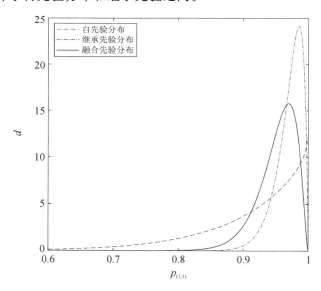

图 7.4　层次节点 $X_{(1,1)}$ 先验分布融合

7.4.4　指标评估

在得到系统 $X_{(1,1)}$ 的后验分布后,基于后验分布即可对测试性指标 $p_{(1,1)}$ 进行评估,评估形式通常包括点估计型、置信下限估计型以及置信区间估计型。为了充分分析增长特性以及 HBN 融合推理特性于指标评估中的影响,分别针对不考虑 HBN

融合推理以及考虑 HBN 融合推理两方面进行研究,且每方面均只对考虑实际试验数据、考虑增长数据和实际试验数据结合以及考虑增长特性和实际试验数据结合三种情形进行分析。6 种后验分布的概率密度曲线如图 7.5 所示(为了增加图形辨识度,采用 1∶5∶10 000 进行绘图)。

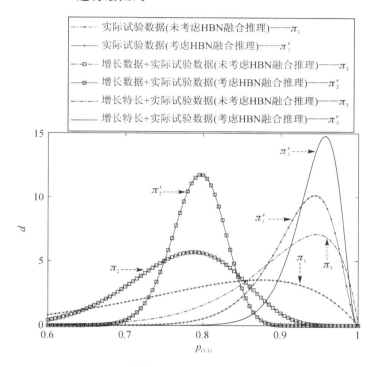

图 7.5　层次节点 $X_{(1,1)}$ 不同来源后验分布对比

　　基于图 7.5 中不同来源的后验分布给出了各自的贝叶斯点估计、单侧置信下限估计和双侧置信区间估计的指标评估结论,如表 7.5 所列。

表 7.5　不同来源后验分布的 FDR 估计结果

后验分布		点估计	置信下限估计		90%置信区间		95%置信区间	
			置信度 0.9	置信度 0.95	估计区间	区间长度	估计区间	区间长度
未考虑 HBN 融合推理	实际试验数据[1] π_1	0.8	0.631 6	0.570 8	[0.570 8,0.959 0]	0.388 2	[0.517 3,0.971 8]	0.454 5
	增长数据+实际试验数据[2] π_2	0.771 4	0.678 1	0.647 8	[0.647 8,0.877 2]	0.229 4	[0.620 9,0.892 5]	0.271 6
	增长特性+实际试验数据[3] π_3	0.9	0.808 7	0.771 2	[0.771 2,0.981 6]	0.210 4	[0.736 5,0.987 4]	0.250 9

后验 分布		点 估 计	置信下限估计		90%置信区间		95%置信区间	
			置信度 0.9	置信度 0.95	估计 区间	区间 长度	估计 区间	区间 长度
考虑 HBN 融合 推理	实际试验数据 π_1'	0.919 9	0.860 1	0.836 9	［0.836 9,0.977 3］	0.140 4	［0.815 1,0.982 8］	0.167 7
	增长数据+ 实际试验数据 π_2'	0.792 9	0.748 4	0.734 9	［0.734 9,0.845 9］	0.111	［0.722 8,0.854 8］	0.132
	增长特性+ 实际试验数据 π_3'	0.941 9	0.901 4	0.885 4	［0.885 4,0.981 4］	0.096	［0.871 1,0.985 4］	0.114 3

注：1—在无先验信息前提下将实际试验数据转化为 Beta 分布的形式；2—增长数据+实际试验数据为不考虑数据的增长特性，以各增长阶段成败型数据单纯地相加减，作为实际试验前的先验信息；3—考虑增长数据的增长特性，即本章采用的方法。

从图 7.5 和表 7.5 中可以得到以下结论：

① 在不考虑 HBN 融合推理时，通过表 7.5 得 FDR 的点估计值满足 $\hat{p}^{(\pi_2)} < \hat{p}^{(\pi_1)} < \hat{p}^{(\pi_3)}$（符号 $\hat{p}^{(\cdot)}$ 表示·分布下 FDR 点估计值），置信度 $\gamma = 0.9$ 或 $\gamma = 0.95$ 下的置信下限估计值满足 $\hat{p}_{L,\gamma}^{(\pi_1)} < \hat{p}_{L,\gamma}^{(\pi_2)} < \hat{p}_{L,\gamma}^{(\pi_3)}$（符号 $\hat{p}_{L,\gamma}^{(\cdot)}$ 表示·分布下置信度为 γ 的 FDR 置信下限估计值），估计区间长度满足 $L_{\gamma}^{(\pi_1)} < L_{\gamma}^{(\pi_2)} < L_{\gamma}^{(\pi_3)}$（符号 $L_{\gamma}^{(\cdot)}$ 表示·分布下置信度为 γ 时采用区间估计的区间长度）。由此可见：a. 将增长数据作为先验数据纳入考虑范围，在相同置信度水平下能提高置信下限值，且相应的置信区间长度也有所缩短，这说明增长数据的引入增加了 FDR 评估的精度（增长数据作为先验增加了层次节点 $X_{(1,1)}$），这一点亦可从图 7.5 中看出，后验分布概率密度函数 π_2 相较于 π_1 极值更大，形状更窄，概率密度函数也相对更为集中；b. 考虑增长数据的增长特性，以本文给出的离散 Gompertz 模型对增长特性进行描述，所得到的 FDR 点估计、不同置信度下的置信下限值以及区间长度均优于其他两种情形（对比图 7.5 中后验概率密度曲线 π_1、π_2 和 π_3 以及表 7.5 与之相关数据可得），说明对于数据来源的合理运用能在一定程度上提高 FDR 评估精度，故评估时需要首先分析数据特性，避免忽略数据包含的潜在信息，造成评估精度的降低。

② 在考虑 HBN 融合推理时，FDR 的点估计值满足 $\hat{p}^{(\pi_2')} < \hat{p}^{(\pi_1')} < \hat{p}^{(\pi_3')}$，置信度 $\gamma = 0.9$ 或 $\gamma = 0.95$ 下的置信下限估计值满足 $\hat{p}_{L,\gamma}^{(\pi_2')} < \hat{p}_{L,\gamma}^{(\pi_1')} < \hat{p}_{L,\gamma}^{(\pi_3')}$，估计区间长度满足 $L_{\gamma}^{(\pi_2')} < L_{\gamma}^{(\pi_1')} < L_{\gamma}^{(\pi_3')}$。由此可见：a. 将各节点增长数据作为先验数据纳入考虑范围，并经由 HBN 融合推理，在相同置信度水平下，所得到的 FDR 点估计值以及置信度下限值均降低，这是由于底层节点 $X_{(2,1)}$ 的增长数据的直接利用大幅降低了其自身的评估精度，经由 HBN 融合推理后使得顶层节点 $X_{(1,1)}$ 的精度也随之降低，但由于数据量的增加，其估计区间长度有所降低，从图 7.5 中反映即为后验分布概率密度

函数 π_2' 相较于 π_1' 曲线前移,曲线形状相对更窄与集中;b. 考虑各节点数据的增长特性,并经由 HBN 测试性验证模型进行融合推理,得到顶层节点 $X_{(1,1)}$ FDR 的点估计、相同置信度水平下的置信下限估计值以及置信区间长度等均优于考虑 HBN 融合推理的其他两种情形(对比图 7.5 中后验概率密度曲线 π_1'、π_2' 和 π_3' 以及表 7.5 与之相关数据可得),也充分说明了数据增长特性对于 FDR 指标评估的影响,能有效提高评估精度。

③ 对考虑 HBN 融合推理以及不考虑 HBN 融合推理进行纵向比较,对比分析后验分布概率密度函数 π_1 和 π_1'、π_2 和 π_2' 或者 π_3 和 π_3',均得到经过 HBN 融合推理能提高 FDR 点估计值和置信下限估计值,以及能缩短置信区间估计的长度,即满足:

$$\begin{cases} \hat{p}^{(\pi_1)} < \hat{p}^{(\pi_1')}, \hat{p}_{L,\gamma}^{(\pi_1)} < \hat{p}_{L,\gamma}^{(\pi_1')}, L_\gamma^{(\pi_1)} < L_\gamma^{(\pi_1')} \\ \hat{p}^{(\pi_2)} < \hat{p}^{(\pi_2')}, \hat{p}_{L,\gamma}^{(\pi_2)} < \hat{p}_{L,\gamma}^{(\pi_2')}, L_\gamma^{(\pi_2)} < L_\gamma^{(\pi_2')} \\ \hat{p}^{(\pi_3)} < \hat{p}^{(\pi_3')}, \hat{p}_{L,\gamma}^{(\pi_3)} < \hat{p}_{L,\gamma}^{(\pi_3')}, L_\gamma^{(\pi_3)} < L_\gamma^{(\pi_3')} \end{cases} \tag{7.26}$$

这是由于采用 HBN 融合推理之后,顶层节点 $X_{(1,1)}$ 能充分利用下层节点的先验信息,从而提高了评估准确性和精度。

综上所述,由于充分考虑了各层节点成败型数据的增长特性,以及充分考虑了系统的结构特性,采用本章方法经由 HBN 测试性验证模型对系统 FDR 进行融合推理,相较于直接利用成败型试验数据转化的 Beta 分布形式而言,得到的 FDR 评估精度更高。

第8章 装备测试性故障注入与验证评估系统

8.1 系统组成及架构

8.1.1 系统组成

装备测试性故障注入与验证评估系统由分布式测控管理分系统、总线故障验证分系统、数字信号故障验证分系统、模拟信号故障验证分系统、状态信号故障验证分系统、混合信号故障验证分系统、电源故障验证分系统七个分系统和系统配套文档附件组成,如图8.1和表8.1所示。

图 8.1 装备测试性故障注入与验证评估系统组成

表 8.1　系统组成表

序　号	名　称	作　用
1	分布式测控管理分系统	包括测试性建模分析系统、嵌入式诊断分析、验证方案设计与管理系统、故障注入管理软件、测试性数据管理系统等,用于完成测试性设计辅助、建模分析、故障注入管理和试验数据管理等功能。在系统组合成完整模式时作为主控分系统控制其他分系统
2	总线故障验证分系统	用于装备故障注入过程中的总线故障注入工作及监控;实现对 RS232、RS422、RS485、CAN、ARINC429、1553B 等总线的物理层、电气层及协议层故障注入与故障监控
3	数字信号故障验证分系统	用于装备故障注入过程中的数字信号故障注入与监控;能够对低速数字信号、高速数字信号、高速差分数字信号进行故障注入与监控,实现数字信号电压相关故障注入
4	模拟信号故障验证分系统	用于装备故障注入过程中的模拟信号故障注入工作;能够对低频/中频/射频信号、射频通道开关及信号电压/频率相关参数进行故障注入及监控,对直流、低频、中频、射频信号进行故障监控
5	状态信号故障验证分系统	用于装备故障注入过程中的状态信号故障注入工作;能够对状态信号逻辑/指令故障、低功率/高功率状态信号通道开关故障注入,进行状态信号逻辑/指令监控
6	混合信号故障验证分系统	用于装备测试过程中的混合信号故障注入工作;能够对后驱动、电压求和及开关级联故障注入
7	电源故障验证分系统	用于装备测试过程中的电源故障注入工作;能够对被测对象进行直流/交流电源供电与测试,为被测对象提供直流负载,对电源信号进行故障注入

8.1.2　总体架构

　　装备测试性故障注入与验证评估系统采用 PXI+LXI 的组合总线架构,为用户提供一套功能覆盖装备测试性设计、试验验证、定型鉴定等多个阶段测试性工作需要的测试性验证评估系统。本系统采用开放式架构,七个分系统既可分离单独使用,也可以组合成完整系统形式使用。分系统采用 PXI/PXIe 总线架构,能够独立完成特定种类故障信号的注入和监测。当需要对受试对象进行多种故障信号组合注入试验时,系统支持通过 LXI 总线组合为完整系统,此时分布式管理分系统作为核心主控系统,通过网络交换机对六个故障验证分系统进行统一控制。系统总体架构如图 8.2 所示。

　　在装备的测试性设计阶段,分布式测控管理分系统部署的测试性分析与优化系

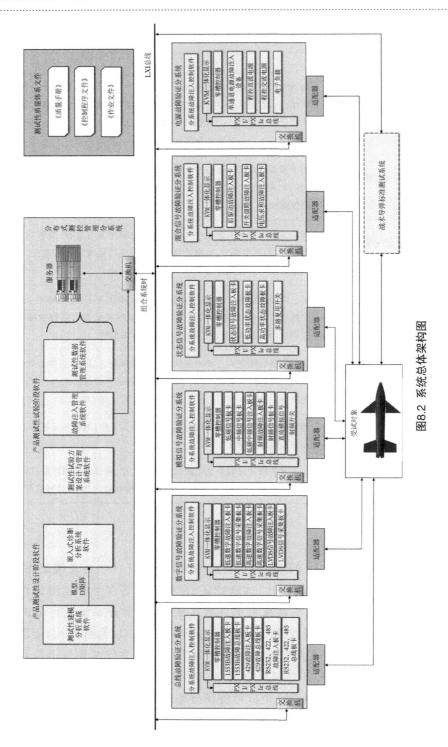

图8.2 系统总体架构构图

统软件用于对装备进行测试性建模,通过故障相关性分析原理对故障隔离率、故障检测率等测试性指标进行预计,支持产品设计员在导弹设计期间检查产品测试点是否足够和合理。嵌入式诊断分析软件可根据测试性模型导出的相关性矩阵(D 矩阵)生成嵌入式诊断代码,并部署到受试品中。

在装备的测试性试验阶段,分布式测控管理分系统作为试验核心,部署了测试性试验与评价系统软件,能够根据受试品的 FMECA 结果建立完整的故障备选样本库,并通过科学的样本随机抽样算法制定合理的试验方案。在试验过程中,各个分系统独立使用时故障注入硬件被本地故障注入控制软件直接控制,在系统组合时被分布式测控管理分系统的故障注入管理软件远程控制,并通过部分类型信号监测资源对试验数据进行监测。试验过程的所有数据均上报给测试性数据管理系统软件进行存储和管理。在试验结束后,分布式测控管理分系统可以对比预期的故障模式与实际测试到的故障征兆,通过试验样本汇总计算出受试品的测试性指标,实现对装备的测试性评估。

各分系统之间通过网络交换机的 LXI 总线连接,提供高速数据传输,机箱之间通过柔性互联互通机构,实现组合系统时后部无需外接线缆,便于用户快速组装。

另外,装备测试性故障注入与验证评估系统预留软、硬件接口,可与装备标准测试系统协同工作,标准测试系统的受试品测试结果数据可上传给测试性数据管理系统软件,实现故障注入、故障测试、故障诊断一体规划和统一调配,实现自动化高效试验实施和测试性指标评估。

8.2　系统构型及使用场景

8.2.1　系统构型设计

装备测试性故障注入与验证评估系统构型主要包括分系统独立构型和组合构型(部分组合、完整组合)两种。

装备各种故障模式的验证试验工作量巨大,为满足试验室的工作需求,本系统的七个分系统可独立使用,实现多工位并行工作。在分系统独立构型时,分布式测控管理分系统可完成装备建模分析、试验方案设计、试验结果统计分析等工作,六个故障验证分系统内置独立主控计算机和一体化显示器,用户通过分系统故障注入控制软件完成特定种类信号故障的注入和监测。分系统构型如图 8.3 所示。

系统组合构型主要满足用户对多种类故障信号注入的需要。此时,组合系统以分布式主控分系统作为控制中枢,以模拟分系统作为故障注入资源汇集点,这两个分系统为核心,与任意多个其他分系统可构成组合系统构型,完成"2＋N"的灵活组

图 8.3　分系统独立构型（以总线故障分系统为例）示意图

合形态。机箱间采用机箱互联互通交联方式，避免机箱后部大量电缆相互交错，系统整体显得整齐干净。系统组合构型时分系统也可单独工作，功能性能与独立系统构型相同。组合构型如图 8.4 所示。

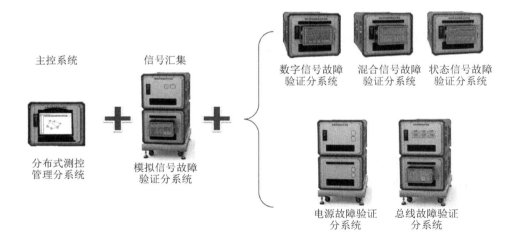

图 8.4　"2＋N"的灵活组合构型示意图

全部七个分系统的完整组合系统构型示意图如图 8.5 所示。

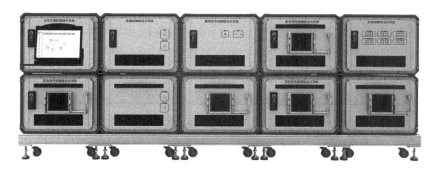

图 8.5　完整组合系统构型示意图

8.2.2　系统使用场景

装备测试性故障注入与验证评估系统的使用贯穿于测试性设计、分析、验证、评估各个阶段,是一套集成了测试性建模、试验方案设计、试验操作、试验数据管理、指标评估等多种功能的综合系统。在装备测试性设计阶段,用户可使用本系统中的测试性建模分析软件进行测试性建模,对当前产品设计的故障检测率、故障隔离率进行指标预计,通过不断迭代设计和模型提升产品测试性水平。

在测试性试验阶段,本系统可满足分离使用和组合使用两大使用场景需求,其中组合使用包括完全组合和部分组合系统使用。

（1）分系统独立使用场景

可满足试验室多个工位同时开展试验的需求。在此场景中,用户使用各分系统的一体化显示外设控制系统,系统与装备通过特定分系统适配器和试验线连接,用户操作分系统故障注入控制软件控制硬件资源注入特定参数指标的故障信号,用户操作装备标准测试系统对故障特征进行检测,结果上传到分布式测控管理分系统中。试验人员按试验方案开展所有故障模式的抽样试验,完成受试品的测试性指标评估工作。分系统多工作使用场景示意图如图 8.6 所示。

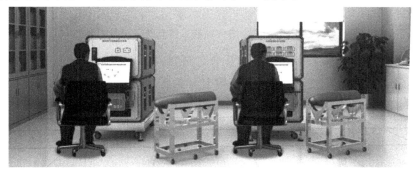

图 8.6　分系统独立使用、多工位场景示意图

（2）组合使用场景

当需要对装备进行多种故障信号注入、复杂时序故障注入时，需要系统组合使用。此时，用户可将所需分系统与分布式测控管理分系统组合成部分组合构型或者完整组合构型，组合时系统提供移动轮方便转移，各分系统之间通过互联互通机箱快速连接，避免了传统的后部大量走线引起的组装拆卸烦琐问题。组合系统使用时，各分系统信号可以通过统一阵列接口引出，方便用户在一个适配器上完成各种类型故障信号的引出，也可以从本分系统适配器引出，是一种开放灵活的使用形式。完整组合系统与部分组合系统的工作使用场景分别如图8.7和图8.8所示。

图 8.7　完整组合系统工作场景示意图

图 8.8　部分组合系统工作场景示意图

在系统组合使用过程中可通过测控管理分系统远程调用其他分系统的资源，能够通过远程调用的方式，充分照顾组合构型时的人机工程。如数字信号故障验证分系统可通过被远程调用的方式，不必使用自身分系统的一体化显示器进行操作，避免操作面过高，人员需要站立操作的情况。

8.3　硬件方案

8.3.1　系统总体设计

装备测试性故障注入与验证评估系统既可分系统独立使用，也可全部分系统组合使用。针对系统组合构型开展系统交联设计。

装备测试性故障注入与验证评估系统组合使用时，各分系统通过互联互通接口汇集各分系统的低频测试资源到模拟信号故障验证分系统，通过模拟信号故障验证分系统接口统一对外交联。以模拟信号故障验证分系统为中心，以分布式测控分系统为控制中枢。部分分系统脱离时依然能够正常故障注入与验证评估。系统故障注入信号交联框图如图 8.9 所示。

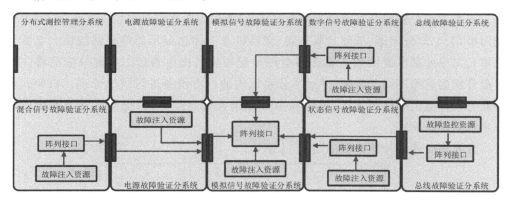

图 8.9　系统故障注入信号交联框图

故障注入设备组合使用时，各分系统通过以太网总线交联，分布式管理分系统基于以太网控制其他各个分系统。网络交联构型在各个分系统分布交换机，以模拟信号故障验证分系统为中心，以分布式测控分系统为控制中枢。部分分系统脱离时依然能够正常交联通信。系统网络交联框图如图 8.10 所示。

8.3.2　分布式测控管理分系统

分布式测控管理分系统是装备测试性故障注入与验证评估系统的控制中枢，在硬件平台上安装测试性建模与分析、嵌入式诊断分析、测试性试验方案设计与管理、故障注入管理、测试性数据管理、信息化展示等功能的软件。

单系统工作状态下，可独立完成测试性建模与分析、嵌入式诊断分析、测试性试验方案设计与管理、测试性数据管理等功能。组合状态下，可通过电源分配器管理其他分系统的供电，通过 LXI 总线控制其余六个分系统资源，实现故障注入管理功

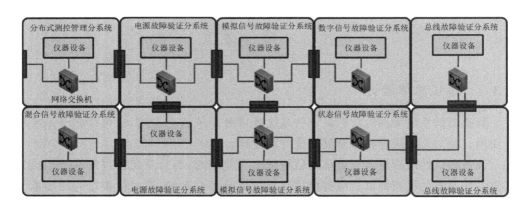

图 8.10　系统网络交联框图

能,综合完成故障注入与验证评估工作。

分布式测控管理分系统硬件平台基于 LXI 总线高速信息交换架构构建,由电源调理单元、电源分配器、机架式服务器、交换机及一体化显示器等硬件组成。电源调理单元完成外部电源调理并输送给电源分配器进行配电管理。电源分配器将三相电源分别输送给不同分系统,并对本分系统内的用电设备进行供电管理。机架式服务器为软件提供硬件环境,一体化显示器提供人机交互界面,交换机完成系统内及分系统间网络交互。

分系统硬件设计原理图如图 8.11 所示。

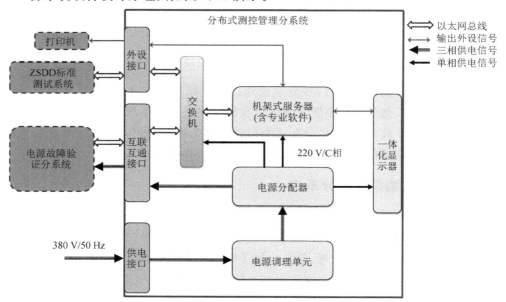

图 8.11　分布式测控管理分系统硬件设计原理框图

分系统内部设备布局图如图 8.12 所示。

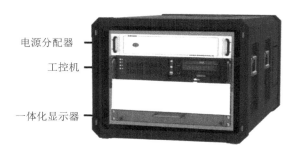

电源分配器
工控机
一体化显示器

图 8.12　分布式测控管理分系统内部设备布局图

8.3.3　总线故障验证分系统

　　总线故障验证分系统是用于装备的 RS232、RS422、RS485、CAN、ARINC429、1553B 总线信号故障模拟、注入、监控等工作的专用故障注入设备。总线故障验证分系统集成总线故障注入软件。

　　单系统工作状态下,可独立完成故障注入及监控等功能,组合状态下,借助互联互通机箱接口接入组合系统,作为系统的一部分,基于以太网接受分布式测控管理分系统资源调配,共同完成故障注入与验证评估工作。

　　总线故障验证分系统硬件平台基于 LXI＋PXI 总线高速信息交换架构构建,由电源分配器、PXI 机箱设备、PXI 功能板块、总线故障注入设备、交换机及一体化显示器等硬件组成。电源分配器对本分系统内的用电设备进行供电管理。PXI 机箱设备安装 PXI 功能板卡,为软件提供硬件环境。一体化显示器提供人机交互界面,交换机完成系统内及分系统间网络交互。

　　分系统硬件设计原理图如图 8.13 所示。

　　分系统内部设备布局图如图 8.14 所示。

8.3.4　数字信号故障验证分系统

　　数字信号故障验证分系统是用于装备的数字信号故障模拟、注入、监控等工作的专用故障注入设备,数字信号故障验证分系统集成数字信号故障注入软件。

　　单系统工作状态下,可独立完成故障注入及监控等功能,组合状态下,借助互联互通机箱接口接入组合系统,作为系统的一部分,基于以太网接受分布式测控管理分系统资源调配,共同完成故障注入与验证评估工作。

　　数字信号故障验证分系统硬件平台基于 LXI＋PXI 总线高速信息交换架构构建,由电源分配器、PXI 机箱设备、PXI 功能板块、数字信号电压故障注入设备、交换机及一体化显示器等硬件组成。电源分配器对本分系统内的用电设备进行供电管

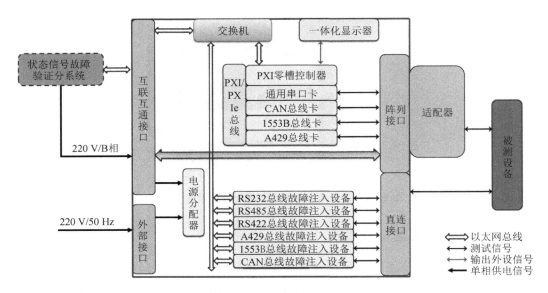

图 8.13　总线故障验证分系统硬件设计原理框图

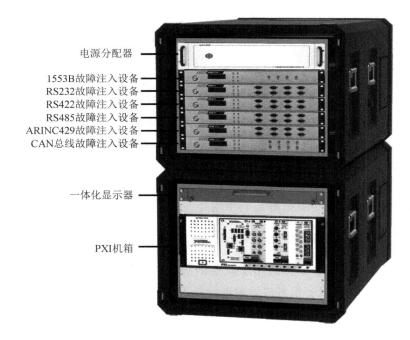

图 8.14　总线故障验证分系统内部设备布局图

理。PXI 机箱设备安装 PXI 功能板卡,为软件提供硬件环境。一体化显示器提供人机交互界面,交换机完成系统内及分系统间网络交互。

分系统硬件设计原理图如图 8.15 所示。

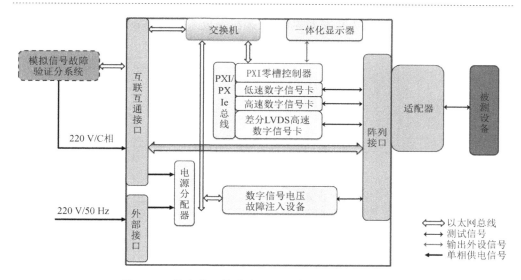

图 8.15　数字信号故障验证分系统硬件设计原理框图

分系统内部设备布局图如图 8.16 所示。

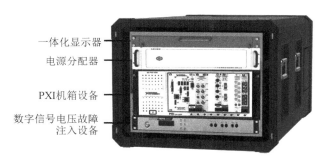

图 8.16　数字信号故障验证分系统内部设备布局图

8.3.5　模拟信号故障验证分系统

模拟信号故障验证分系统是用于装备的模拟信号故障模拟、注入、监控等工作的专用故障注入设备。模拟信号故障验证分系统集成模拟信号故障注入软件。

单系统工作状态下,可独立完成故障注入及监控等功能,组合状态下,借助互联互通机箱接口接入组合系统,作为系统的一部分,基于以太网接受分布式测控管理分系统资源调配,共同完成故障注入与验证评估工作。

模拟信号故障验证分系统硬件平台基于 LXI＋PXI 总线高速信息交换架构构建,由电源分配器、PXI 机箱设备、PXI 功能板块、模拟信号电压故障注入设备、模拟信号频率故障注入设备、交换机及一体化显示器等硬件组成。电源分配器对本分系统内的用电设备进行供电管理。PXI 机箱设备安装 PXI 功能板卡,为软件提供硬件环境。一体化显示器提供人机交互界面,交换机完成系统内及分系统间网络交互。

分系统硬件设计原理图如图 8.17 所示。

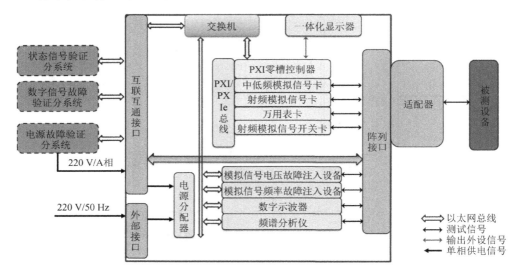

图 8.17 模拟信号故障验证分系统硬件设计原理框图

分系统内部设备布局如图 8.18 所示。

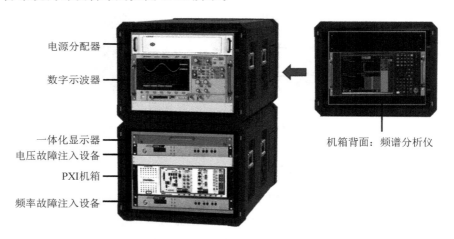

图 8.18 模拟信号故障验证分系统内部设备布局图

8.3.6 状态信号故障验证分系统

状态信号故障验证分系统是用于装备的状态信号故障模拟、注入、监控等工作的专用设备,由 PXI 机箱、板卡及显示器等设备组成。具有输入输出状态信号故障模拟与注入、低功率状态和高功率状态信号故障模拟与注入、多路复用通道切换故障模拟与注入等功能。

　　单系统工作状态下,可独立完成故障注入及监控等功能,组合状态下,借助互联互通机箱接口接入组合系统,作为系统的一部分,基于以太网接受分布式测控管理分系统资源调配,共同完成故障注入与验证评估工作。

　　状态信号故障验证分系统硬件平台基于 LXI＋PXI 总线高速信息交换架构构建,由电源分配器、PXI 机箱设备、PXI 功能板块、交换机及一体化显示器等硬件组成。电源分配器对本分系统内的用电设备进行供电管理。PXI 机箱设备安装 PXI 功能板卡,为软件提供硬件环境。一体化显示器提供人机交互界面,交换机完成系统内及分系统间网络交互。

　　分系统硬件设计架构示意如图 8.19 所示。

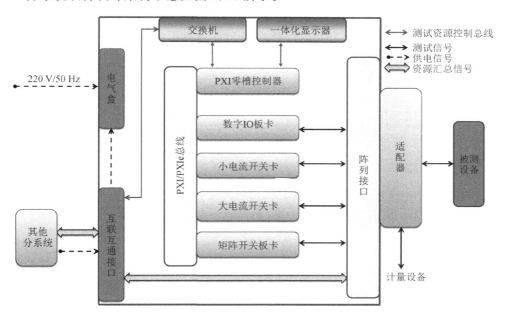

图 8.19　状态信号故障验证分系统硬件设计原理框图

分系统内部设备布局图如图 8.20 所示。

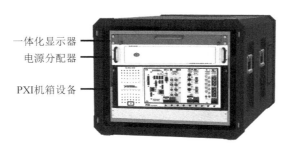

图 8.20　状态信号故障验证分系统内部设备布局图

8.3.7　混合信号故障验证分系统

混合信号故障验证分系统是用于装备的混合信号故障模拟、注入、监控等工作的专用设备,由 PXI 机箱、板卡及显示器等设备组成。具有混合信号后驱动故障注入、开关级联故障注入、电压求和故障注入等功能。

单系统工作状态下,可独立完成故障注入及监控等功能,组合状态下,借助互联互通机箱接口接入组合系统,作为系统的一部分,基于以太网接受分布式测控管理分系统资源调配,共同完成故障注入与验证评估工作。

混合信号故障验证分系统硬件平台基于 LXI＋PXI 总线高速信息交换架构构建,由电源分配器、PXI 机箱设备、PXI 功能板块、交换机及一体化显示器等硬件组成。电源分配器对本分系统内的用电设备进行供电管理。PXI 机箱设备安装 PXI 功能板卡,为软件提供硬件环境。一体化显示器提供人机交互界面,交换机完成系统内及分系统间网络交互。

分系统硬件设计架构示意如图 8.21 所示。

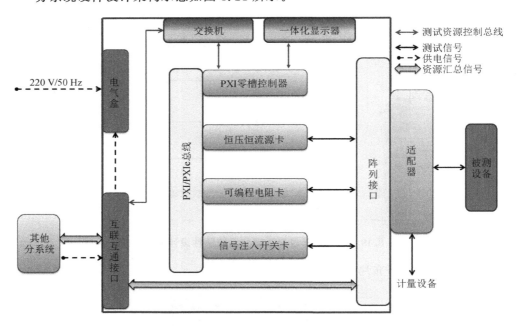

图 8.21　混合信号故障验证分系统硬件设计原理框图

分系统内部设备布局图如图 8.22 所示。

8.3.8　电源故障验证分系统

电源故障验证分系统是用于装备的电源信号故障模拟、注入、监控等工作的专

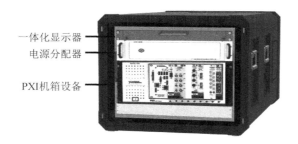

图 8.22　混合信号故障验证分系统内部设备布局图

用设备,包含直流、交流、电子负载接口和单通道电源故障注入接口等功能。由主控计算机、直流电源、交流电源、电子负载及显示器等设备组成。

单系统工作状态下,可独立完成故障注入及监控等功能,组合状态下,借助互联互通机箱接口接入组合系统,作为系统的一部分,基于以太网接受分布式测控管理分系统资源调配,共同完成故障注入与验证评估工作。

电源故障验证分系统硬件平台基于 LXI 总线高速信息交换架构构建,由电源分配器、工控机、交流电源、直流电源、电子负载、交换机及一体化显示器等硬件组成。电源分配器对本分系统内的用电设备进行供电管理。PXI 机箱设备安装 PXI 功能板卡,为软件提供硬件环境。一体化显示器提供人机交互界面,交换机完成系统内及分系统间网络交互。

分系统硬件设计架构示意如图 8.23 所示。

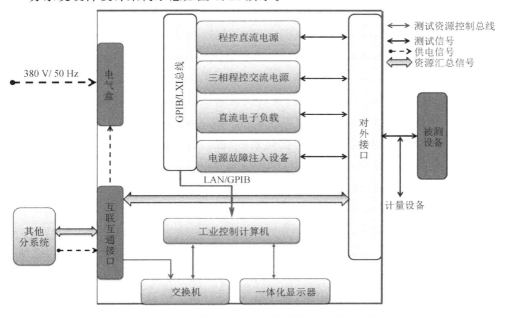

图 8.23　电源故障验证分系统硬件设计原理框图

分系统内部设备布局图如图 8.24 所示。

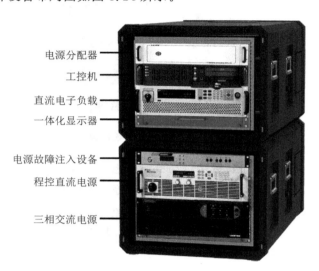

图 8.24　电源故障验证分系统内部设备布局图

8.4　软　件　方　案

8.4.1　软件架构及功能组成

软件按照 GJB 2547A—2012、GJB 8895—2017 等测试性工作标准及本书所研究方法进行设计,软件各项功能统一规划,涵盖测试性设计与验证主要工作流程,满足各型号装备的测试性设计与验证需求,能对装备的测试性指标进行预计与评估,通过控制故障验证系统硬件实施试验,发现受试装备的测试性设计问题,计算测试性指标,评估装备的测试性水平,进而提高装备的测试性设计水平。

本方案的软件由测试性分析与优化系统、嵌入式诊断分析系统、测试性试验与评价系统、故障注入管理系统、测试性数据管理系统等组成。

本方案软件架构如图 8.25 所示。

各个软件的功能如下:

(1) 测试性分析与优化系统

该系统可实现对装备主要设备进行测试性建模、分析与优化,支持根据系统结构组成和工作原理,快速地建立符合故障相关性理论和多信号流图的层次化图形模型;支持建立标准化的测试性模型,包含系统组成单元、故障模式、故障率、测试点及测试类型、工作模式和系统配置等测试性信息;支持对测试性模型进行测试性分析,

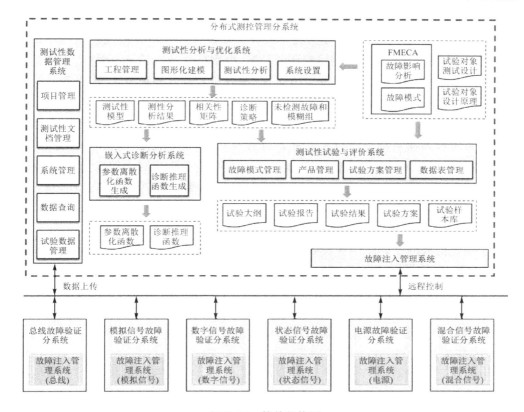

图 8.25 软件架构图

输出测试性分析报告,可显示相关性矩阵、测试性指标、诊断树等测试性信息;支持可根据测试性分析结果优化产品或系统的测试性设计,以提高装备的测试性设计水平。

(2)嵌入式诊断分析系统

该系统可实现对装备主要设备进行嵌入式诊断设计,支持以测试性建模与分析为手段,获得诊断逻辑标准,明确各故障模式的检测隔离判据,将其作为诊断推理的依据,即得到故障测试相关性矩阵;支持以功能仿真分析和故障注入仿真分析为辅助,确定需获取的信号以及信号采集处理方法,进一步获得一种全新的故障信号测试相关性矩阵,最终形成诊断对象的嵌入式诊断策略;支持根据嵌入式诊断策略自动生成纯代码、代码+静态链接库、代码+动态链接库三种形式。

(3)测试性试验与评价系统

该系统可实现对装备进行测试方案设计、样本抽样和方案管理等功能;支持导入测试性分析与优化系统生成的相关输入文件,支持产品结构数据导入和标准FMECA 数据文件的快速导入;可进行测试性试验方案的设计,结合故障模式获取最终故障注入的样本量及样本分配信息。

（4）故障注入管理系统

该系统结合故障注入设备可实现对装备主要设备进行多种形式的测试性试验故障注入，支持远程控制总线故障验证分系统、数字信号故障验证分系统、模拟信号故障验证分系统、状态信号故障验证分系统、混合信号故障验证分系统、电源故障验证分系统等进行测试性试验故障注入。

（5）测试性数据管理系统

该系统可实现对装备进行测试性数据管理，支持测试性试验文件分类归档存储；具备使用高效的测试性文档编辑工具；通过模板自动生成测试性报告，降低繁杂的测试性大纲编撰工作量；提供方便的文档搜索功能，帮助用户快速定位文件位置。

8.4.2 软件工作流

本系统的软件主要应用在装备的测试性工作的设计和验证两个阶段。在设计阶段，提供测试性建模与分析、嵌入式离散化代码与诊断代码生成等功能；在验证阶段，提供测试性试验方案设计与管理、控制故障注入设备完成测试性验证试验等功能。另外本系统会采集、存储整个测试性设计与验证过程中所产生的数据、文件等，实现数据回放、数据分析、报表输出等功能。本系统的主要应用场景的工作流程如图 8.26 所示。

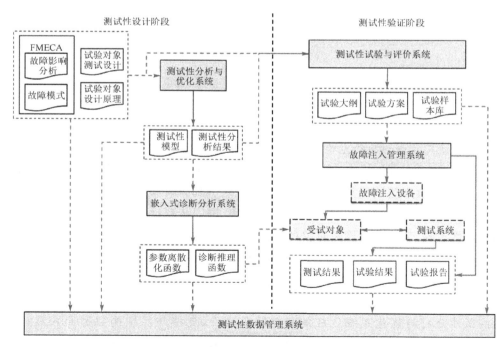

图 8.26 分布式测控管理分系统的软件工作流程

（1）测试性设计阶段

本系统在测试性设计阶段具体的工作流程如下：

① 测试性设计数据收集：收集测试性建模、验证方案设计等测试性验证过程中所需的数据文件，如 FMECA、试验对象设计原理文件、试验对象测试性设计文件等；

② 测试性建模：根据采集的数据，利用测试性分析与优化系统对试验对象进行层次化测试性建模，其具体内容包括结构化建模、符合相关性理论和多信号流图的层次化建模、标准化的测试性模型建模等；

③ 测试性指标预计：测试性分析与优化系统在测试性建模后，可对测试性模型进行测试性分析输出测试性分析报告、相关性矩阵、诊断策略等，并基于上述内容可对试验对象的测试性设计进行优化；

④ 嵌入式诊断设计：依据测试性建模后输出的测试性模型、分析报告、相关性矩阵等，在嵌入式诊断分析系统上，可对相关性矩阵、诊断策略等进行优化，并自动生成参数离散化函数代码和诊断推理函数代码，该代码可用于试验对象的嵌入式诊断设计。

（2）测试性验证阶段

本系统在测试性验证阶段具体的工作流程如下：

① 试验方案设计：基于 FMECA、测试性模型、测试性分析报告等，测试性试验与评价系统可对试验对象进行测试性验证方案的设计，包括制定测试性验证大纲/计划、计算试验样本量、分配和抽样故障样本、选择故障模式等；

② 试验方案实施：根据测试性试验与评价系统输出的测试性验证方案，在故障注入管理系统中，远程控制故障注入设备并对其进行参数配置，依据相应的故障模式对试验对象实施故障注入，同时测试系统对试验对象进行测试，并把测试结果通过网络上传到测试性数据管理系统；

③ 测试性指标评估：在测试性验证结束后，测试性试验方案设计与管理根据测试系统的测试、故障诊断等结果，对试验对象的测试性指标进行评估，从而发现试验对象的测试性设计缺陷，提出测试性设计优化建议；

④ 过程数据存档：在测试性设计与验证过程中，测试性数据管理系统可对整个过程产生的所有数据进行采集、格式化、存储等，并在测试性试验结束后根据用户的需求对数据进行查询、回放、统计分析、输出报告等。

参考文献

[1] 苏春,黄茁,许映秋. 基于可用度和维修成本的设备维修建模与优化[J]. 中国机械工程,2007,18(9):1096-1099.

[2] Hosseini M M,Kerr R M,Randall R B. An inspection model with minimal and major maintenance for a system with deterioration and Poissonfailures[J]. IEEE Transactions on Reliability,2000,49(1):88-98.

[3] 苏永定,邱静,杨鹏. 面向任务的导弹测试性需求分析与指标确定[J]. 国防科技大学学报,2011,033(2):125-129.

[4] 田仲,石君友. 系统测试性设计分析与验证[M]. 北京:国防工业出版社,2003.

[5] 苏永定. 装备系统测试性需求分析技术研究[D]. 长沙:国防科学技术大学,2011.

[6] 曾天翔. 电子设备测试性及诊断技术[M]. 北京:航空工业出版社,1996.

[7] 王自力. 直升机可靠性、维修性指标研究[J]. 航空学报,1995,15(4):20-24.

[8] 李根成,姜同敏. 空空导弹可靠性指标体系研究[J]. 中国惯性技术学报,2006,14(4):90-94.

[9] 马原. 支持大规模定制的产品需求管理系统研究与实现[D]. 杭州:浙江大学,2004.

[10] 郭伟,王凤岐,杜玉明,等. 产品生命周期需求的分析及其间映射方法的研究[J]. 机械工程学报,1998,034(5).

[11] 张有明,熊光楞. 产品需求获取及其结构化建模方法[J]. 计算机集成制造系统,2001,7(10):18-21.

[12] 戴若夷,谭建荣,李涛. 面向大规模定制的广义需求建模方法及实现技术研究[J]. 计算机辅助设计与图形学学报,2003,15(4):467-474.

[13] 方程. 基于 Zachman 框架的信息系统需求工程建模方法[J]. 重庆交通大学学报(自然科学版),2007,26(2):155-159.

[14] 孙昌爱,金茂忠,刘超,等. 一种基于 UML 的面向对象需求分析方法[J]. 航空学报,2003,24(1):75-78.

[15] 罗雪山,罗爱民,张耀鸿. Petri 网在 C4ISR 系统建模、仿真与分析中的应用[M]. 长沙:国防科学技术大学出版社,2007.

[16] Ministry of Defence Standard 00-42. Reliability and Maintainability(R&M)

Assurance Guide[S]. 2002.

[17] 吕晓明,黄考利,连光耀. 复杂装备系统级测试性指标确定方法研究[J]. 计算机测量与控制,2008,3(16)：357-359.

[18] 钱彦岭,邱静,温熙森. 确定系统级测试性参数的广义随机 Petri 网模型[J]. 系统工程与电子技术,2002,(05)：4-7.

[19] 苏永定,刘冠军,邱静. 基于 DSPN 的多阶段任务系统测试性需求建模与分析[J]. 系统工程理论与实践,2010,030(7)：1272-1278.

[20] 梁海波,姜苹,董世茂,等. 基于相关性模型的电源滤波组合测试性设计[J]. 航天控制,2017,35(06)：80-84.

[21] 刘晓白,梁鸿,王丹. 基于相关性模型的舰船系统测试性建模与分析[J]. 舰船科学技术,2017,39(21)：158-163.

[22] 刘晓白,梁鸿. 基于任务的舰船装备测试性建模与分析研究[J]. 舰船科学技术,2016,38(21)：156-160.

[23] 宋振宇,丁勇鹏,刘喆. 信息流模型在电子设备最优测试分析中的应用[J]. 舰船电子工程,2010,30(09)：172-175.

[24] 武恒州,姜海勋,邓刚,等. 诊断信息流模型的综述[J]. 仪器仪表用户,2007,(05)：1-2.

[25] 张钊旭. 鱼雷测试性建模方法及应用研究[D]. 北京：中国舰船研究院,2018.

[26] 汪芊芊,王海涛,蓝鲲. 基于改进多信号流模型的运载火箭电气系统测试性评估[J]. 导弹与航天运载技术,2017,(04)：21-25.

[27] 魏清新,王坤明,孙萍. 基于多信号流图模型的导弹系统级故障诊断技术研究[J]. 计算机测量与控制,2017,25(03)：109-111.

[28] Eric G. Modeling it both ways：hybrid diagnostic modeling and its application to hierarchical system designs[C]// IEEE International Automatic Testing Conference. Orange. IEEE,CA,USA,2004：576-582.

[29] Sheppard J W. Maintaining diagnostic truth with information flowmodels[J]. Proceedings of the IEEE AUTOTESTCON,1996：447-454.

[30] Valinevicius A,Zilys M,Eidukas D. Information flow model of integrated security system[C]// 26th International Conference on Information Technology Interfaces，2004：567-572.

[31] Deb S,Ghoshal S,Mathur A,et al. Multi-signal modeling for diagnosis,FMECA,and reliability[C]// Proceedings of the IEEE International Conference on Systems,Man,and Cybernetics. IEEE,1998.

[32] 张勇,邱静,刘冠军. 测试性模型对比及展望[J]. 测试技术学报,2011,25(06)：

504-514.

[33] 杨鹏,邱静,刘冠军,等. 基于扩展的关联模型的测试性分析技术研究[J]. 系统工程与电子技术,2008,30(2):371-374.

[34] 陈春良,邵思杰. 基于多信号模型的火控系统测试性优化设计[J]. 火炮发射与控制学报,2010,1(4):97-100.

[35] 孔令宽,胡政,杨定新,等. 基于多信号模型的卫星电源测试性建模与分析[J]. 华中科技大学学报(自然科学版),2009,37(S1):190-193.

[36] 孙智,孙建红,李冰月,等. 基于分层多信号流图的飞机空调系统故障诊断[J]. 振动、测试与诊断,2018,38(1):196-201.

[37] 吕晓明,黄考利,连光耀. 基于多信号流图的分层系统测试性建模与分析[J]. 北京航空航天大学学报,2011,(9):106-110.

[38] 尹园威,尚朝轩,马彦恒,等. 层次测试性模型的评估方法[J]. 北京航空航天大学学报,2015,41(1):90-95.

[39] 杨鹏. 基于相关性模型的诊断策略优化设计技术[D]. 长沙:国防科学技术大学,2008.

[40] 陈希祥,邱静,刘冠军. 基于混合二进制粒子群-遗传算法的测试优化选择研究[J]. 仪器仪表学报,2009,30(08):1674-1680.

[41] 陈希祥,邱静,刘冠军. 测试不确定条件下基于贝叶斯网络的装备测试优化选择技术[J]. 中国机械工程,2011,22(04):379-384.

[42] 高鑫宇,刘冠军,邱静,等. 基于模糊概率多信号流图的故障传播模型研究[J]. 测试技术学报,2009,23(4):354-357.

[43] Lian G, Huang K, Wei Z, et al. Research of testability knowledge acquisition technology based on functional and structure model [J]. Systems and Electronics,2007,29(10):1777-1780.

[44] 钱彦岭,易晓山,胡政. 基于结构模型的系统级测试性设计(DFT)技术研究[J]. 测控技术,2000,19(9):12-14.

[45] 宋东,马飞,王传清. 一种电子系统测试性模型的研究与应用[J]. 电子测量与仪器学报,2010,24(09):853-859.

[46] 宋东,胡立华,朱道德,等. 一种电子系统测试性模型的研究[J]. 测控技术,2010,29(03):74-77.

[47] 王成刚,周晓东,王学伟. 基于贝叶斯网络的复杂装备测试性评估[J]. 电子测量与仪器学报,2009,23(05):17-21.

[48] 王宝龙,黄考利,张亮,等. 基于混合诊断贝叶斯网络的测试性不确定性建模与预计[J]. 弹箭与制导学报,2013,33(2):177-180.

［49］徐星光,廖志刚,任章,等. 战术导弹分层混合贝叶斯网络测试性建模和评价方法［J］. 战术导弹技术,2019,(06)：1-8.

［50］张勇. 装备测试性虚拟验证试验关键技术研究［D］. 长沙：国防科学技术大学,2012.

［51］张勇,邱静,刘冠军,等. 面向测试性虚拟验证的功能-故障-行为-测试-环境一体化模型［J］. 航空学报,2012,33(02)：273-286.

［52］刘建敏,刘远宏,冯辅周,等. 基于贪婪算法的测试优化选择［J］. 兵工学报,2014,35(12)：2109-2115.

［53］蒋荣华,王厚军,龙兵. 基于离散粒子群算法的测试选择［J］. 电子测量与仪器学报,2008,22(2)：11-15.

［54］朱喜华,李颖晖,李宁,等. 基于改进离散粒子群算法的传感器布局优化设计［J］. 电子学报,2013,(10)：2104-2108.

［55］雷华军,秦开宇. 基于改进量子进化算法的测试优化选择［J］. 仪器仪表学报,2013,34(4)：838-844.

［56］张钊旭,王志杰,李建辰,等. 基于搜寻者算法的测试性优化分配方法［J］. 水下无人系统学报,2018,26(01)：53-56.

［57］邓露,许爱强,吴忠德. 基于遗传算法的故障样本优化选择方法［J］. 系统工程与电子技术,2015,(7)：1703-1708.

［58］周虎,胡海峰,刘清竹,等. 基于故障-测试相关模型的运载火箭测试点优化设计方法［J］. 载人航天,2018,24(1)：34-40.

［59］代西超,南建国,黄雷,等. 基于改进遗传模拟退火算法的测试优化选择［J］. 空军工程大学学报(自然科学版),2016,17(2)：70-75.

［60］Qiu J,Tan X D,Liu G J,et al. Test selection and optimization for PHM based on failure evolution mechanism model［J］. Journal of Systems Engineering and Electronics,2013,24(5)：780-792.

［61］Li F. Dynamic modeling,sensor placement design,and fault diagnosis of nuclear desalinationsystems［D］. Tennessee：University of Tennessee,2011.

［62］Pan J L,Ye X H,Xue Q. An heuristic genetic algorithm solve test point selecting with unreliable test［C］// International Workshop on Computer Science & Engineering,2010.

［63］杨光,刘冠军,李金国,等. 基于故障检测和可靠性约束的传感器布局优化［J］. 电子学报,2006,34(2)：348-351.

［64］叶晓慧,潘佳梁,王红霞,等. 基于动态贪婪算法的不可靠测试点选择［J］. 北京理工大学学报,2010,30(11)：1350-1354.

[65] Deng S,Jing B,Yang Z. Test point selection strategy under unreliable test based on heuristic particle swarm optimization algorithm[C]// IEEE Conference on Prognostics & System Health Management. IEEE,Beijing,2012：1-6.

[66] 雷华军,秦开宇. 测试不可靠条件下基于量子进化算法的测试优化选择[J]. 电子学报,2017,45(10)：2464-2472.

[67] Kagami S,Ishikawa M. A sensor selection method considering communication delays[C]// IEEE International Conference on Robotics and Automation (ICRA '04). ,New Orleans,2004：206-211.

[68] Zhang S G,Pattipati K R,Hu Z,et al. Optimal selection of imperfect tests for fault detection and isolation[J]. IEEE Transactions on Systems Man & Cybernetics Systems,2013,43(6)：1370-1384.

[69] Zhang S G,Liu C R,Hu Z,et al. Testability evaluation of the systems with multi-outcome imperfecttests[J]. Applied Mechanics & Materials,2013,303-306：407-410.

[70] Zhang S G,Pattipati K R,Zheng H,et al. Dynamic coupled fault diagnosis with propagation and observationdelays[J]. IEEE Transactions on Systems Man & Cybernetics Systems,2013,43(6)：1424-1439.

[71] IEEEStd 1522-2004. IEEE Trial-Use standard for testability and diagnosability characteristics and Metrics[S]. IEEE Standards Press,2004.

[72] Pattipati K R,Alexandridis M G. Application of heuristic search and information theory to sequential faultdiagnosis[J]. IEEE Transactions on Systems Man & Cybernetics,1990,20(4)：872-887.

[73] Laurent H,Ronald L R. Constructing optimal binary decision trees is NP-complete[J]. Information Processing Letters,1976,5(1)：15-17.

[74] 李俭川. 贝叶斯网络故障诊断与维修决策方法及应用研究[D]. 长沙：国防科学技术大学,2002.

[75] Hartmann C,Varshney P,Mehrotra K,et al. Application of information theory to the construction of efficient decisiontrees[J]. 1982,28(4)：565-577.

[76] 张睿,丛华,刘远宏,等. 基于禁忌搜索算法的故障诊断策略优化[J]. 装甲兵工程学院学报,2018,32(2)：86-90.

[77] Pattipati K,Deb S,Shakeri M,et al. Multi-signal flow graphs：a novel approach for system testability analysis and fault diagnosis[C]// Proceedings of AUTOTESTCON'94. IEEE,1994：361-373.

[78] 龙兵,王日新,姜兴渭. 多信号模型航天器配电系统最优测试技术[J]. 哈尔滨工业大学学报,2005,37(4):440-443.

[79] 龙兵,姜兴渭,宋政吉. 基于多信号模型航天器多故障诊断技术研究[J]. 宇航学报,2004,25(5):591-594.

[80] Bonet B,Geffner H C. An algorithm better than AO＊? [C]// Twentieth National Conference on Artificial Intelligence & the Seventeenth Innovative Applications of Artificial Intelligence Conference,2005:1343-1348.

[81] Valentina B Z. Learning cost-sensitive diagnostic policies fromdata[D]. Corvallis:Oregon State University,2003.

[82] Tu F,Pattipati K R. Rollout strategies for sequential fault diagnosis[C]// Proceedings of the IEEE AUTOTESTCON. IEEE,2002:269-295.

[83] Tu F,Pattipati K R. Rollout strategies for sequential faultdiagnosis[J]. IEEE Transactions On SMC:Part A:Systems and Humans,2003,33(1):86-99.

[84] 黄以锋,景博. 基于 Rollout 算法的多值属性系统诊断策略[J]. 控制与决策,2011,26(8):1269-1272.

[85] 李登,万福,尹亚兰,等. 基于改进 RIG 算法的动态诊断策略生成[J]. 电子测量与仪器学报,2014,28(2):159-163.

[86] 孙萌,景博,黄以锋,等. 基于多特征量的 D 矩阵模型的建立与分析[J]. 电子测量与仪器学报,2017,31(11):1731-1736.

[87] 张国辉,冯俊栋,徐丙立,等. 基于故障特征信息量的诊断策略优化仿真研究[J]. 计算机仿真,2019,36(11):317-321.

[88] 郭家豪,史贤俊,王康. 基于信息熵的诊断策略优化方法[J]. 兵工自动化,2019,38(6):29-32.

[89] 田恒,段富海,江秀红,等. 基于准信息熵的测试性 D 矩阵故障诊断新算法[J]. 兵工学报,2016,37(5):923-928.

[90] 羌晓清,景博,邓森,等. 基于 Rollout 算法的测试不可靠条件下的诊断策略[J]. 计算机应用研究,2016,33(05):163-166.

[91] 方甲永,肖明清,王学奇,等. 测试不可靠条件下多故障诊断方法[J]. 北京航空航天大学学报,2011,37(4):433-438.

[92] 黄以锋,景博,罗炳海,等. 基于 Rollout 算法的序贯多故障诊断策略[J]. 控制与决策,2015,30(3):572-576.

[93] 田恒. 基于测试性 D 矩阵的故障诊断策略研究[D]. 大连:大连理工大学,2019.

[94] 中国人民解放军总装备部. 装备测试性工作通用要求:GJB 2547A—2012[S].

北京：总装备部军标出版发行部，2012.

[95] U. S. Department of Defense. Testability Program for Systems and Equipment：MIL-STD-2165［S］. Washington，D. C.：U. S. Department of Defense，1985.

[96] 吴栋，胡泊，沈峥嵘，等. 考虑样本充分性和最小样本量的测试性试验方案设计［J］. 电子产品可靠性与环境试验，2016，34(4)：29-32.

[97] 刘瑛. 测试性虚实一体化试验技术研究及其应用［D］. 长沙：国防科学技术大学，2014.

[98] Indira V，Vasanthakumari R，Jegadeeshwaran R，et al. Determination of minimum sample size for fault diagnosis of automobile hydraulic brake system using power analysis［J］. Engineering Science and Technology，an International Journal，2015，18(1)：59-69.

[99] Indira V，Vasanthakumari R，Sugumaran V. Minimum sample size determination of vibration signals in machine learning approach to fault diagnosis using power analysis［J］. Expert SystemsWith Applications，2010，37(12)：8650-8658.

[100] 赵晨旭. 测试性虚拟验证技术及其在直升机航向姿态系统中的应用研究［D］. 长沙：国防科学技术大学，2011.

[101] Dodge H F，Romig H G. Sampling Inspection Tables. Single and DoubleSampling［M］. New York：John Wiley and Sons，1959.

[102] Walter B. Multiple sampling with constant probability［J］. The Annals of Mathematical Statistics，1943，14(4)：363-377.

[103] 徐忠伟，周玉芬，徐松涛，等. 测试性验证中抽样方案的精确算法及应用［J］. 航空学报，2000(1)：68-70.

[104] 徐忠伟，周玉芬，高锡俊. 测试性验证中抽样方案的精确算法［J］. 空军工程大学学报(自然科学版)，2000(1)：76-78.

[105] 杨金鹏，连光耀，邱文昊，等. 基于二项分布的装备测试性综合验证方案［J］. 中国测试，2018，44(5)：12-16.

[106] 张西山，黄考利，闫鹏程，等. 小子样复杂装备系统测试性评估中的验前参数值确定方法［J］. 航空动力学报，2014，29(8)：1968-1973.

[107] Savchuk V P，Martz H F. Bayes reliability estimation using multiple sources of prior information：binomial sampling［J］. IEEE Transactions on Reliability，2002，43(1)：138-144.

[108] Wang J，Li T M，He H F，et al. Multi-source data equivalence methods for

testability integrated evaluation[C]// Prognostics & System Health Management Conference,2016.

[109] Chang C H, Yang J P, Cao P J. Research on testability evaluation method of complex equipment based on test data in development phase[J]. Advanced Materials Research,2011,301-303：913-918.

[110] 张勇. 装备测试性虚拟验证试验关键技术研究[D]. 长沙：国防科学技术大学,2012.

[111] Martz H F, Waller R A. The Basics of Bayesian Reliability EstimationFrom Attribute Test Data[R]. Los Alamos Scientific Laboratory,1976.

[112] 常春贺,曹鹏举,杨江平,等. 基于研制阶段试验数据的复杂装备测试性评估[J]. 中国机械工程,2012,23(13)：1577-1581.

[113] 明志茂,陶俊勇,陈循,等. 基于混合 Beta 分布的成败型产品 Bayes 可靠性鉴定试验方案研究[J]. 兵工学报,2008(2)：204-207.

[114] 冯文哲,刘琦. 成败型产品的 Bayes 可靠性验证试验设计[J]. 航空动力学报,2012,27(1)：110-117.

[115] Martz H F, Waller R A, Fichas E T. Bayesian reliability analysis of series sysems of binomial sub-systems and components[J]. Technometrics,1988,30(2)：143-154.

[116] 王京,李天梅,何华锋,等. 多源测试性综合评估数据等效折合模型与方法研究[J]. 兵工学报,2017,38(1)：151-159.

[117] Somerville I F, Dietrich D L, Mazzuchi T A. Bayesian reliability analysis using the Dirichlet prior distribution with emphasis on accelerated life testing run in random order[J]. Nonlinear Analysis Theory Methods & Applications,1997,30(7)：4415-4423.

[118] Hong S S. Bayesian reliability assessment based on Dirichlet prior information[C]// Progress in Measurement & Testing— International Conference on Advanced Measurement & Test,2010.

[119] 邢云燕,蒋平. 基于顺序 Dirichlet 分布的 Bayes 可靠性增长评估方法[J]. 系统工程与电子技术,2017,39(5)：1178-1182.

[120] Zhang Y, Chen H, Jiang P,et al. Bayesian assessment for reliability of binomial components based on information fusion of similar products[J]. Journal of Donghua University,2015,32(6)：940-945.

[121] 董海平,蔡瑞娇,王玮. 基于混合 Beta 分布的火箭弹射座椅可靠性评估[J]. 航空学报,2009,30(2)：232-235.

[122] 李天梅,邱静,刘冠军. 基于 Bayes 变动统计理论的测试性外场统计验证方法[J]. 航空学报,2010,31(2):335-341.

[123] 刘纪涛,胡凡,张为华. 基于 Dirichlet 先验分布的模糊可靠性增长模型研究[J]. 国防科技大学学报,2010,32(3):156-160.

[124] 明志茂,张云安,陶俊勇,等. 基于新 Dirichlet 先验分布的指数寿命型产品多阶段可靠性增长 Bayes 分析[J]. 兵工学报,2009,30(6):733-739.

[125] 邢云燕,蒋平. 基于顺序 Dirichlet 分布的 Bayes 可靠性增长评估方法[J]. 系统工程与电子技术,2017,39(5):1178-1182.

[126] 常春贺,杨江平,胡亮. 基于 Bayes 理论的复杂装备测试性评估方法[J]. 火力与指挥控制,2012,37(11):173-176.

[127] Ming Z, Ling X, Bai X, et al. The Bayesian reliability assessment and prediction for radar system based on new Dirichlet prior distribution[C]//Journal of Physics:Conference Series,2016.

[128] Keselman H J, Othman A R, Wilcox R R, et al. The new and improved two-sample T test[J]. Psychological Science,2004,15(1):47-51.

[129] Kasuya E. Mann-Whitney U-Test when variances are unequal[J]. Animal Behaviour,2001,63:1247-1249.

[130] 刘晗,郭波. 小子样产品可靠性 Bayes 评定中的相容性检验方法研究[J]. 机械设计与制造,2007(5):165-167.

[131] 徐颖强,陈仙亮,曹栋波. 样本量为 2 的极小样本相容性检验方法[J]. 航空学报,2018,39(05):144-151.

[132] 郭荣化,李勇. 小样本试验中验前数据与现场数据相容性检验方法研究[C]//第 13 届中国系统仿真技术及其应用学术年会,中国安徽黄山,2011.

[133] 王江元. 验前试验数据与现场试验数据相容性检验方法[J]. 战术导弹技术,2004(2):10-12.

[134] 徐保荣,刘学工,吴延威,等. 基于试验结果可信度的装甲车辆测试性综合评估方法研究[J]. 兵工学报,2018(6):1066-1073.

[135] 张西山,黄考利,闫鹏程,等. 基于混合验前分布的复杂装备测试性评估[J]. 振动、测试与诊断,2015,35(4):697-701.

[136] 王超. 虚实结合的测试性试验与综合评估技术[D]. 长沙:国防科学技术大学,2014.

[137] 李伟,林圣琳,周玉臣,等. 复杂仿真系统可信度评估研究进展[J]. 中国科学:信息科学,2018,48(7):767-782.

[138] 张雷,梁德潜,查晨东. 基于多源信息的复杂装备测试性评估[J]. 中国机械工

程,2017,28(23)：2875-2879.

[139] 邓露,许爱强,席靓,等. 基于多源信息加权融合的研制阶段测试性评估方法[J]. 计算机测量与控制,2014,22(8)：2508-2511.

[140] 张西山,黄考利,闫鹏程,等. 基于不确定性测度与支持度的测试性验前信息融合方法[J]. 航空动力学报,2015,30(11)：2779-2786.

[141] 梁德潜,张雷. 基于信息融合的装备测试性评估[J]. 火力与指挥控制,2018,43(3)：177-180.

[142] Wang C,Qiu J,Liu G J. Testability evaluation using prior information of multiple sources[J]. Chinese Journal of Aeronautics,2014,27(4)：867-874.

[143] Zhang X S,Huang K L,Yan P C,et al. Hierarchical hybrid testability modeling and evaluation method based on information fusion[J]. Journal of Systems Engineering and Electronics,2015,26(3)：523-532.

[144] 刘磊,宋家友,姚淼. 研制阶段测试性验证与评价的动态贝叶斯方法[J]. 计算机工程与设计,2017,38(6)：1516-1521.

[145] 汤巍,景博,黄以锋. 小子样变总体下的 Bayes 测试性验证方法[J]. 系统工程与电子技术,2014,36(12)：2566-2570.

[146] 王玮,周海云,尹国举. 使用混合 Beta 分布的 Bayes 方法[J]. 系统工程理论与实践,2005,25(9)：142-144.

[147] 赵勇,刘建新,牛青坡. 基于混合 Beta 先验分布的成败型产品的可靠性评估[J]. 航空兵器,2014(6)：59-61.

[148] 张西山,黄考利,闫鹏程,等. 基于验前信息的测试性验证试验方案确定方法[J]. 北京航空航天大学学报,2015,41(8)：1505-1512.

[149] 周奎,孙世岩,严平. 基于后验风险确定故障样本量的 Bayes 方法[J/OL]. 系统工程与电子技术,2019,41(07)：1672-1676.

[150] Wald A. Sequential tests of statistical hypotheses[J]. Annals of Mathematical Statistics,1945,16(2)：117-186.

[151] 王超. 虚实结合的测试性试验与综合评估技术[D]. 长沙：国防科学技术大学,2014.

[152] 中华人民共和国国家标准. 设备可靠性试验成功率的验证试验方案：GB 5080.5—1985[S]. 北京：国家标准局,1985.

[153] IEC. Reliability Testing Compliance Test Plans for Success Ratio：International Standard of IEC1123 [S]. International Electrotechnical Commission,1991.

[154] 余闯,王晓红,李秋茜. 计数型序贯截尾试验方案的计算与选择[J]. 北京航空

航天大学学报,2014,40(4):575-578.

[155] 濮晓龙,闫章更,茆诗松,等. 计数型序贯网图检验[J]. 华东师范大学学报(自然科学版),2006,2006(1):63-71.

[156] Yan L,Pu X L. Method of sequential mesh on Koopman-Darmois distributions[J]. Science China,2010,53(4):917-926.

[157] Baum C W,Veeravalli V V. Sequential procedure for multihypothesis testing[J]. IEEE Transactions on Information Theory,1994,40(6):1994-2007.

[158] Woodroofe M. Nonlinear Renewal Theory in Sequential Analysis[J]. Society for Industrial and Applied Mathematics,1982.

[159] Hoff P D. A First Course in Bayesian StatisticalMethods[M]. Germany:Springer,2009.

[160] Hamada M S,Wilson A G,Reese C S,et al. BayesianReliability[M]. Germany:Springer,2008.

[161] Zellner A. Models,prior information,and Bayesian analysis[J]. Journal of Econometrics,2004,75(1):51-68.

[162] Ghosh A,Devadas S,Newton A R. Sequential Synthesis forTestability[M]. Germany:Springer,1992.

[163] Baum C W,Veeravalli V V. Sequential procedure for multihypothesis testing[J]. IEEE Transactions on Information Theory,1994,40(6):1994-2007.

[164] Poor H V. An Introduction to Signal Detection andEstimation[M]. New York:Springer-Verlag,1988.

[165] 张金槐,刘琦,冯静. Bayesian 试验分析方法[M]. 长沙:国防科学技术大学出版社,2007.

[166] Berger J O. Statistical Decision Theory and BayesianAnalysis[M]. New York:Springer-Verlag,1998.

[167] 张金槐. 利用验前信息的一种序贯检验方法——序贯验后加权检验方法[J]. 国防科技大学学报,1991(2):1-13.

[168] 刘琦,冯文哲,王囡. Bayes 序贯试验方法中风险的选择与计算[J]. 系统工程与电子技术,2013,35(1):223-229.

[169] 刘琦,王囡,唐旻. 成败型产品基于验后概率的 Bayes 序贯检验技术[J]. 航空动力学报,2013,28(3):494-500.

[170] 张学斌,王维平,朱一凡. 截尾序贯验后加权检验截尾点的优化设计[J]. 国防

科技大学学报,1996(4):139-143.

[171] 赵靖,吴栋. 测试性试验样本量按比例分层抽样补充分配方法[J]. 兵器装备工程学报,2019:1-5.

[172] 李天梅,邱静,刘冠军. 基于故障率的测试性验证试验故障样本分配方案[J]. 航空学报,2009,30(9):1661-1665.

[173] 李天梅,邱静,刘冠军,等. 基于故障扩散强度的故障样本选取方法[J]. 兵工学报,2008(7):829-833.

[174] 赵建扬,李小珉,雷琴. 基于危害度相对比值的故障样本分配方案[J]. 探测与控制学报,2011,33(2):55-59.

[175] 余思奇,景博,黄以锋. 基于贡献度的测试性验证试验样本分配方案研究[J]. 中国测试,2015,41(2):91-95.

[176] 何洋,李洪涛,王志新. 基于多因子的机电设备测试性验证样本分配方案[J]. 电光与控制,2015,22(1):97-100.

[177] 邓露,许爱强,赵秀丽. 基于故障属性的测试性验证试验样本分配方案[J]. 测试技术学报,2014,28(2):103-107.

[178] 陈然,连光耀,黄考利,等. 基于 FMECA 信息的测试性验证试验样本分配方法[J]. 北京航空航天大学学报,2017,43(3):627-635.

[179] Wang C, Qiu J, Liu G J, et al. Testability demonstration test planning based on sequential posterior odds test method[J]. Proceedings of the Institution of Mechanical Engineers Part O Journal of Risk & Reliability,2013,228(2):189-199.

[180] 韩峰岩,王红. 基于准随机序列的测试性试验抽样方案[J]. 测控技术,2015,34(11):152-156.

[181] 余龙海,史贤俊. 基于 Ahp-Fce 的导弹装备测试性评估[J]. 测控技术,2015,34(12):122-126.

[182] 王成刚,周晓东,王学伟. 基于贝叶斯网络的复杂装备测试性评估[J]. 电子测量与仪器学报,2009,23(5):17-21.

[183] 王成刚,周晓东,彭顺堂,等. 一种基于多信号模型的测试性评估方法[J]. 测控技术,2006(10):13-15.

[184] 王宝龙,黄考利,张亮,等. 基于混合诊断贝叶斯网络的测试性不确定性建模与预计[J]. 弹箭与制导学报,2013,33(2):177-181.

[185] 刘刚,黎放. 测试性预计方法综述[J]. 造船技术,2014(3):14-18.

[186] Yang Z Y, Xu A Q, Niu S C, et al. A new method of testability prediction on model and probability analysis[C]// International Conference on Elec-

tronic Measurement & Instruments,IEEE,2007.

[187] Wang B,Huang K,He X,et al. Bayesian networks based testability prediction of electronic equipment[C]// International Conference on Electronic Measurement & Instruments,IEEE,2011.

[188] Xu S,Dias G P,Waignjo P,et al. Testability prediction for sequential circuits using neural networks[C]// Asian Test Symposium,IEEE Computer Society,1997.

[189] 杨智勇,牛双诚,姜海勋. 基于多信号模型的测试性预计方法研究[J]. 微计算机信息,2009,25(16):268-269.

[190] 石君友,田仲. 测试性研制阶段数据评估验证方法[J]. 航空学报,2009,30(5):901-905.

[191] 李天梅. 装备测试性验证试验优化设计与综合评估方法研究[D]. 长沙:国防科学技术大学,2010.

[192] Zhang L,Liang D Q,Cha C D. Testability evaluation of complex equipment based on multi-source informations[J]. China Mechanical Engineering,2017.

[193] 许萌,李执力,王鹏. 武器装备的"五性"工作研究[J]. 国防技术基础,2009,(9):26-29.

[194] 杨为民. 可靠性维修性保障性总论[M]. 北京:国防工业出版社,1995.

[195] 聂俊华. 可靠性、维修性、保障性 CAD 框架研究[D]. 北京:北京航空航天大学,2000.

[196] Huang C C,Kuo C M. The transformation and search of semi-structured knowledge in organizations[J]. Journal of Knowledge Management,2003,7(4):106-123.

[197] 王瑶,孙秦,薛海红,等. 三种系统可靠性评估方法的比较与分析[J]. 航空工程进展,2014,5(4):491-496.

[198] 李厦,乌建中. 模糊 Petri 网在液压同步提升系统故障诊断中的应用[J]. 中国工程机械学报,2006,(1):68-71.

[199] 袁崇义. Petri 网原理与应用[M]. 北京:电子工业出版社,2005.

[200] 原菊梅. 复杂系统可靠性 Petri 网建模及其智能分析方法[M]. 北京:国防工业出版社,2011.

[201] 林闯. 随机 Petri 网和系统性能评价[M]. 北京:清华大学出版社,2005.

[202] Codetta-Raiteri D. The conversion of dynamic fault trees to stochastic Petri nets,as a case of graphtransformation[J]. Electronic Notes in Theoretical Computer Science,2005,127(2):45-60.

[203] 陈玉宝,夏继强,邬学礼. Petri 网模型在故障诊断领域的应用研究[J]. 中国机械工程,2000,11(12)：1386-1388.

[204] 黄敏,林啸,侯志文. 模糊故障 Petri 网建模方法及其应用[J]. 中南大学学报（自然科学版）,2013,44(1)：213-220.

[205] 汪惠芬,梁光夏,刘庭煜,等. 基于改进模糊故障 Petri 网的复杂系统故障诊断与状态评价[J]. 计算机集成制造系统,2013,19(12)：3049-3061.

[206] 秦兴秋,邢昌风. 一种基于 Petri 网模型求解故障树最小割集的算法[J]. 计算机应用,2004,024(1)：299-300.

[207] Wang Y，Lu Y，Man L，et al. Fault identification method based on fuzzy fault Petri net[C]// Proceedings of the 2015 International Conference on Electrical and Information Technologies for Rail Transportation. Springer Berlin Heidelberg,2016：125-133.

[208] 翟禹尧,史贤俊,吕佳朋. 基于广义随机 Petri 网的导弹系统测试性建模与指标评估方法研究[J]. 兵工学报,2019,40(10)：2070-2079.

[209] 吕晓明,黄考利,连光耀,等. 装备测试性设计辅助决策系统关键技术研究[J]. 计算机测量与控制,2008.

[210] 郑应荣. 系统级层次化测试性建模与分析[D]. 哈尔滨：哈尔滨工业大学,2014.

[211] 张利彪,周春光,马铭,等. 基于粒子群算法求解多目标优化问题[J]. 计算机研究与发展,2004(07)：1286-1291.

[212] 陈婕,熊盛武,林婉如. NSGA-Ⅱ算法的改进策略研究[J]. 计算机工程与应用,2011,47(19)：42-45.

[213] Rabinovich Y. Universal procedure for constructing a Pareto set[J]. Computational Mathematics and Mathematical Physics,2017,57：45-63.

[214] 王瑜. 多目标优化进化算法研究与应用[D]. 成都：电子科技大学,2019.

[215] Srinivas N D K. Multiobjective optimization using nondominated sorting in genetic algorithms[J]. Evolutionary Computation,1994,3(2)：221-248.

[216] Deb K P A A S. A fast and elitist multiobjective genetic algorithm：NSGA-II[J]. IEEE Transactions on Evolutionary Computation,2002,2(6)：182-197.

[217] Deb K J H. An evolutionary many-objective optimization algorithm using reference-point-based nondominated sorting approach，part I：solving problems with box constraints[J]. IEEE Transactions on Evolutionary Computation,2014,4(18)：577-601.

[218] 装备测试性工作通用要求：GJB 2547A—2012[S]. 2012.

[219] Koren I,Kohavi Z. Sequential fault diagnosis in combinational networks[J].
IEEE Transactions on Computers,1977,C-26(4):334-342.

[220] Hakimi S L,Nakajima K. On adaptive system diagnosis[J]. IEEE Transac-
tions on Computers,1984,33(3):234-240.

[221] 陈刚勇. 复杂系统分层诊断策略优化技术研究[D]. 长沙：国防科学技术大
学,2008.

[222] Simpson W R,Sheppard J W. The multicriterion nature of diagnosis[J].
IEEE, 1993.

[223] Sheppard J W,Simpson W R. System Test and Diagnosis[M]. Dordrecht：
Kluwer Academic Publishers, 1994.

[224] Shakeri M. Advances in system fault modeling and diagnosis[D]. Storrs：U-
niversity of Connecticut, 1996.